中国美食设计与创新

邵万宽 著

2019 年江苏高校哲学社会科学重点研究（建设）基地—江苏旅游文化研究院基金项目

项目批准号：2019JSLWY003

中国轻工业出版社

图书在版编目（CIP）数据

中国美食设计与创新 / 邵万宽著. —北京：中国
轻工业出版社，2020.7
ISBN 978-7-5184-2952-3

Ⅰ.①中… Ⅱ.①邵… Ⅲ.①中式菜肴－设计
Ⅳ.① TS972.117

中国版本图书馆CIP数据核字（2020）第055345号

责任编辑：史祖福　方晓艳　　责任终审：劳国强　　整体设计：锋尚设计
策划编辑：史祖福　　　　　　责任校对：晋　洁　　责任监印：张　可

出版发行：中国轻工业出版社（北京东长安街6号，邮编：100740）

印　　刷：北京富诚彩色印刷有限公司

经　　销：各地新华书店

版　　次：2020年7月第1版第1次印刷

开　　本：787×1092　1/16　印张：19

字　　数：320千字

书　　号：ISBN 978-7-5184-2952-3　定价：138.00元

邮购电话：010-65241695

发行电话：010-85119835　传真：85113293

网　　址：http://www.chlip.com.cn

Email：club@chlip.com.cn

如发现图书残缺请与我社邮购联系调换

190481K1X101ZBW

邵万宽

教授，中国菜品理论与实践创新研究的著名专家。

1978年4月入行烹饪，是恢复高考后的首批烹饪专业毕业生，在国内外饭店厨房一线工作8年，从事烹饪职业教育35年，江苏省首批烹饪高级技师（1995年），中国首批"中国餐饮文化大师"（2004年）。

出版书籍40余部，其中菜品创新研究方面的专著6本，论文150余篇，其中古今菜品创新方面的研究论文30余篇，是中国菜肴、面点文化和技术研究的集大成者。

目录

第三篇 **设计寻思路**
现代美食开发创新法则

第二篇 美食重设计
让食用与审美相互交汇

我是一名烹饪专业教师，在国内外酒店厨房一线从事过8年的实战工作。近20年来，我一直在思考，如何为国内餐饮企业的经营做一点实用和实在的事情，引导广大年轻厨师在菜品开发方面做点文章。所以，我做了许多努力，花了大量的时间和精力做这方面的研究。在20世纪90年代，想做这方面的研究是相当有难度的，因为没有这方面的范本可用，只有自己摸索，另辟蹊径。每到一地，我就收集餐饮市场上出现的新菜品，最难的主要是上升到理论层面。我把一些思路先理出来，然后划分出不同的类别和方法，在古代菜点和传统菜点方面进行分析，在现有的创新菜方面进行分类，不断地积累，在思考中引用其他行业的创新方法，一步一步地逐渐完善，使其内容不断丰满。

● **我的菜点**
创新研究历程

自1993年夏季从欧洲回国以后，我就开始着手对菜点创新做一些研究。经过几年的酝酿和思考，在《中外饭店》《美食》杂志上写了些零星的小文章，通过自己的钻研和积累，打开了研究思路后，并于1997年在《中国烹饪》杂志刊登了两篇有分量的文章：《菜点合一，菜肴制作的新风格》《传统+借鉴，中西菜技艺结合的思路》。这两篇文章发表后，在国内产生了一定的影响，得到了不少同行朋友的赞誉，多位前辈大师也给予较高的评价，这就更加激发了我的研究兴趣。自此，我在业余时间不断地探索、挖掘和钻研，并于1998年在《中国食品》杂志开辟了"菜点创新寻章法"专栏，撰写了10篇创新方法的文章。在这期间，我将一些研究成果加以整理、归纳并将其结集编排，交予辽宁科学技术出版社，他们只用了三个多月的时间，于1999年1月出版了我的第一本创新著作《菜点开发与创新》。此书为16开本，30万字，发行后在餐饮行业引起了很大的反响，很多国内烹饪大师、烹饪名师以及餐饮部经理对此书的评价很高，认为这是一本从无到有的具有划时代意义的烹饪创新书，也是广大餐饮企业迫切需要的创新指导书。全书分11章，从饮食潮流与菜点创新、传统风味的继承与创新、挖掘历史菜与开发乡土菜、菜点合一探新路、中西菜烹调技艺的结合、热菜造型工艺的变换、调味技艺的组合与变化、器具与装饰手法的革故鼎新、面点工艺的开发与品种革新、菜点创新思路与方法、宴会菜点的组配与创新等方面进行阐述，有理论有实践，有方法有案例。全书的构架新颖别致，各地餐饮人争相购买，不到5个月又进行了第二次印刷。该书很快被台湾百通图书股份有限公司购买了版权，于2000年2月用繁体字出版。

新书出版了，但我的研究并未停止。1999年、2000年，在《中国烹饪》《美食》《东方美食》杂志上又分别刊登了《改良菜与造势菜》《地方性民族性是菜点发展的基础》《出奇制胜，探索新菜路》《中西借鉴，抒写菜肴新篇章》等多篇文章，不断地扩大研究范围。2000年5月起，受《中国食品报》之约，又在《餐饮专刊》上开设专栏"邵老师谈创新"，每月刊登2篇文章，刊载了29篇，至2002年5月结束，共连载了两年时间。这期间我还分别出版了《美食节策划与运作》(2000年)，《餐饮时尚与流行菜式》(2001年)。在这几年的研究中，我又把最新的研究内容结集成书，于2002年10月在江苏科技出版社出版了《菜点创新30法》。该书主要是从创新方法入手，我把创新菜点的方法归纳成30种，便于广大年轻厨师在企业经营中寻找菜点创新的途径和方法，开发一些创新菜。此书的出版，得到了当时很多年轻厨师的喜爱，不到一年又第二次印刷。这期间，还分别在《中国烹饪》《东方美食》等杂志刊登相关的菜点创新文章，在扬州大学《中国烹饪研究》杂志上发表研究性的论文《试论都市菜品的风格与特色》《时尚菜品风格探讨》等。2004年，又出版了《厨房管理与菜品开发新思路》，2005年出版了《现代餐饮经营创新》。在辽宁科技出版社6年时间出版了5本书，共138万字，这就是我21世纪初完成的"现代餐饮经营五部曲"的5部著作。

2003年，受《美食》杂志主编之邀约，设专栏"菜点创新思路"，每期一篇，从菜肴制作的角度进行分析；2005年，受《四川烹饪》主编之约设专栏"巧妙嫁接出新菜"，共撰写了5篇文章；2006年，受《中国烹饪》杂志主编之约，刊登了8个特殊的菜点创新的方法，每期2法。

2002年，旅游教育出版社组织编写出版一套全国烹饪专业系列教材，丛书策划编辑邀请我编写《创新菜点开发与设计》的全新教材，经过努力于2004年出版发行。该教材出版后，受《鲁菜研究》杂志社（月刊）主编之约，要求将教材内容在杂志上连载，从2005年起，至2007年12月刊登完成，共20万字。到目前为止，《创新菜点开发与设计》教材进行了三次修订，每年的加印量逐年递增，目前已经成为全国职业院校烹饪专业普遍使用的菜点创新教材。2016年，国家教育部又新设了"中餐烹饪与营养膳食"专业，高等教育出版社为了迎合专业的设置，又来函请我完成《菜品设计与制作》的国家规划教材，该教材于2017年8月出版发行。

创新的研究是没有止境的。近几年来，我又在许多刊物上发表了产品开发的论文，如《餐饮市场的攻略、突围、坚守与发展》（2011《江苏商论》）、《餐饮企业菜品质量取胜之研究》（2011《四川旅游学院学报》）、《餐饮市场流变与饮食潮流探析》（2012《江苏商论》）、《杂粮及根茎蔬果原料的加工与产品研发》（2013《农产品加工》）、《调味料配制与菜肴创新的研究》（2013《中国调味品》）、《我国古代菜肴制作与工艺革新研究》（2015《农业考古》）、《现代餐饮企业经营中产品组配与设计创新》（2017《江苏商论》）、《明代烹饪技艺与菜肴制作的成就》（2018《农业考古》）等。

从1998年开始至2018年，在全国各地烹饪协会、旅游协会和餐饮企业、厨师长培训班上，我结合自己研究的最新理论与实战成果，在全国各地共讲授《菜点开发与创新思路》课程120多场次，受到了各地餐饮业同行的普遍欢迎和好评。

● 菜点的创新
　需要"设计"

菜点创新的探索，我经过了20多年的研究历程。但我越来越发现，仅仅谈"创新"是远远不够的。创新需要面对广大的顾客市场。你的创新作品客人喜欢不喜欢？走访各地的餐饮企业，许多厨房每月都会推出一些创新菜，但客人却不买账，不愿去点你的创新菜品。这是值得我们深思的问题。创新不是关起门来自说自话，你的创新有没有价值？这是人们最需了解的，在"鱼香肉丝"里放一把"豆芽"就叫创新吗？"佛跳墙"加一两"核桃仁"就有新意吗？这是值得我们进一步去探索的。一盘菜你创设得好不好，关键就在于"设计"，设计得好，客人喜欢了，才会有市场。

从最初被人们视为制胜法宝，到人们印象中几近夸张夺目的"噱头"，再到今天成为企业经营发展的必需，"设计"一词随着人们的认识过程而渐渐回归了它的本义。

按现代企业经营创新的要求来看，创新菜品必须经过一定的设计。从工业产品来讲，世界著名的企业产品往往都经过创制者精心设计而成。如华为、宝马、苹果、海尔的产品在设计方面已经进行了很多的探索，而餐饮业才刚刚起步。很多经营效益较好的餐饮企业现在意识到，没有设计的创新，产品不能引起共鸣，企业也就没有后劲，没有后劲，很难持续、稳步地发展。因此，餐饮企业的同人要回过头来补上这一课。

不少餐饮企业往往重视菜品创新，但对菜品的设计要求不高，致使许多菜品投放市场，激不起客人的兴趣而难以销售。真正高水平的创新，是很注重菜品的设计和外观与温度的。人们往往是轻战略而重战术，这一点还没有引起整个行业的高度重视。

需要说明的是，"设计"并不是要你把菜做得像一幅画，或者一味地装饰和包装，它应与你的客源市场相接近，注重味、养的结合，突出菜肴与器具的匹配，展现色、形的完美，体现匠心精神。

早在10多年前，在香港的快餐厅用餐，汤盅上都有洁白的盖子，餐包都用盒子盛装，看了就惹人喜爱，干净卫生。在技术研发上，像肯德基的炸鸡入口化渣，脱骨，又不是煮得很烂，香味独特。这是技术、温度和时间上的把控，是菜品设计的结果。上海的"花隐"餐厅，是台湾王品集团的企业，每一盘菜都经过精心设计，有一定的标准要求，不同的菜品配置不同的花卉，造型与温度相得益彰，调味汁的配制美观可人，每一盘菜都经过精心设计而成。

菜品设计，文化成为发展的推动力。如今，人们进饭店、酒楼吃饭除了果腹，很多时候是为了友谊、爱情、亲情，如果整桌菜品都没有特色、没有文化，就缺少个性。文化并不仅仅是历史传承，文化更是文明进化的体现。一些粤菜馆里面并没有挂什么字画，但粤菜本身的发展就是一种现代文明的体现。广州白天鹅宾馆，是一家岭南文化氛围浓郁的五星级饭店，这里的早餐（早茶）价位在当地是不菲的，可容纳几百人的大餐厅，每天早餐顾客盈门，排队等号用餐，到了周末更是一位难求，有时要等2个小时。人们愿意在这里等候，如此有市场，诀窍在哪里？我们多次用餐观察后才明白，各式早餐细点，一是菜点的品质好；二是菜点的创新设计好；三是服务到位。他们创制的"菠萝小餐包""小鹅酥"等，口感绝妙，口味独特，味美香滑，且品质如一，几乎每座必点。即使各家都卖的传统茶楼点心，他们的质量都是高要求的。这就是广大顾客纷至沓来的原因。

菜品设计不能等同于花样翻新，菜品设计是多元要素的组合，要兼顾菜品的色、香、味、形、器、质、温、养等基本属性，同时要考虑新原料的开发运用、原料组合创新、营养功效配比平衡、投入市场后的发展潜力等生产经营要素。

设计是一件变化和动态的事情，其理念应反映在许多细节之中。福建传统名菜"佛跳墙"最初的设计创意是取用鸡、鸭、猪肚、猪脚、羊肉等20多种原料，一并盛入绍兴酒坛煨制而成。后来衙门厨师郑春发登门求教，领悟烹调的奥秘，仿效其法时，在用料上加以改革，多用海鲜，少用肉类，使之菜肴愈加荤香可口，不油不腻，设计组合后，多味并举、汤烫料酥、火工独到、味美汤醇、营养丰富。此设计是以料、味、补的独特性而取胜的。江苏传统名菜"松鼠鳜鱼"的设计创意是取用"松鹤楼"这一招牌名"松"字，设计者灵机一动，决定把鱼烹制成"松鼠"形状，从鱼的加工技法上，利用刀工技术展现"松鼠"造型，头昂尾翘，肉翻似毛，形似松鼠，色泽金黄，外脆内嫩，甜中带酸，鲜香可口，体现了苏州文人菜、造型菜、糖醋菜的特色。从"单味火锅"到"双味火锅"再到"多味火锅"，从"盒子酥"到"鲍鱼酥"再到"灵芝酥"，等等，菜点的创新设计是一个动态的变化发展过程，也是无止境的。

许多设计不成功的菜肴，人们不仅不喜欢，有些还比较反感。如一味注重造型、味同嚼蜡的菜；热菜不热不烫、画蛇添足的菜；热菜当冷菜制作的菜以及过度手工处理和装饰的菜肴等。现在公款请客的市场已逐渐没落，那些不重食用、花里胡哨的菜品已走进死胡同，进饭店吃饭大多是自己掏腰包，这对菜品的实用性、可口性、营养性要求更加高，经营者对创新设计的要求必然上升到食材的品质、菜品的质量和恰到好处的设计上面，这是以后相当一段时间广大民众去饭店、餐厅用餐的基本要求和最实在的需要。

　　需要说明的是，本书的研究是以中国美食设计为主要线索，所谈的是中国美食元素，不包括西方美食，可以是中西结合，而不是西中结合，是以中餐为主，可以吸收一些西餐的元素，如调味品、主配料的运用，包括一些简易的造型，即是在中餐中加入一些西餐的元素。而西中结合，是以西餐元素为主，全盘西化，制作装盘那纯粹就是西餐。因此，本书是以中国美食为中心，对于以"西"为主的菜品，本书不作研究对象。

第一篇

设计赢天下

让技术与知识有机融合

美食设计，是在传统美食的基础上发展而来的一个新的词汇。一般而言，好的美食是需要精心设计的，经过合理而有效的设计后的美食，可以给人留下深刻的印象，带给人美好的回忆和有趣的话题。

美食设计必须满足为人们提供美食生活所需的最佳美味和审美要求。对于美食来讲，"设计"作为一个动词，是烹饪大师利用食材和技术，为人们日常生活寻找最好的制作方案的过程。在农业时代，美食设计就是制作一道食品的构思和方案。作为名词，设计是人类集智慧、技术、创造力和想象力为一体生产的、用于食用的美食品。这是一项创造性的活动，涉及食品原料、烹饪技术、制作实践、审美、食用等诸多方面。设计的美食产品多数是技术和艺术相结合的产物，即是把美味与审美有机地结合在一起。

（一）美食设计是为了彰显食物的美味

美食设计的主要目的在于对菜品整体感觉的追求，为了达到色、香、味、形、器、温、质、养的完美统一，设计后的美食就可以更好地彰显食物的美味，让顾客愿意吃，喜欢吃，吃得舒服，吃得有念想。

"设计"二字，一般人都认为是一个"高大上"的词。其实，一个烹饪大师本身就是一个美食设计大师，运用自身的技术特长，根据多年来对食材使用的了解、对不同调味品的品评，以及对广大消费者需求的变化等相关内容的结合，这就是美食设计的主要内容。我们的厨师一直在设计着美食，但把这"美食设计"四个字单独提炼出来作为一项专门的项目来运作研究，好像就显得特别的"高贵"和"高雅"，甚或让人感觉望尘莫及。因为，厨房厨师的工作，绝大多数是重复原来的工作，按照传统要求复制已有的美食，偶尔有创造性的设计。现在把它单独拿出来，要求不去做重复劳动，以设计制作出令人耳目一新的美食为出发点，确实有许多艰难之处，因为这个过程是要倾注大量心血的。

一位好的美食设计师，是经过技术的锤炼、知识的更新，通过不懈的努力学习而锻造出来的，或者通俗地说是经过不断学习、研究出来的。他需要了解菜品的设计方法，具有一定技术革新能力，保持有变革的思想、好奇心和创造性，以及向现实已有菜品提出取舍建议的愿望，坚持永不满足的态度。在日常厨房工作中，经常面对应解决的问题应构思的方案，习惯提出问题并寻找最佳答案。另外，为了获取知识财富，应当游走各地，参观学习、交流，与名厨、大师及专家探讨切磋，向历史学家讨教，充分理解美食领域的构建要素、形成脉络、地域风格、消费者的喜爱等。

就"美食设计"一词而言，西方早就注意到美食需要设计。在我国，并不是古代没有"美食设计"一词就说明其不存在，有关美食设计不仅散落在无数古文献著作里，也体现在有史以来的美食菜谱之中。它体现了我们每个民族、每个时代所崇尚的生活方式及其秉承的价值观念。

北魏贾思勰的《齐民要术》中，许多记录详细的食品都是经过当时人们研究制作而得出的具体数据。如"作酱法""作豉法""八和齑""作饼法"等。"八和齑"云："蒜一，姜二，橘三，白梅四，熟栗黄五，粳米饭六，盐七，酢八。……""先捣白梅、姜、橘皮为末，贮出之。次捣栗、饭，使熟，以渐下生蒜，舂令熟。次下蒜，齑熟，下盐，复舂令沫起，然后下白梅、姜、橘末；复舂，令相得。"这是"八和齑"调味料工艺制作设计之法。在当时，这样的设计制作可以体现更加美妙的风味。"作饼酵法"："酸浆一斗，煎取七升，用粳米一升著浆，迟下火，如作粥。六月时，溲一石面，著二升；冬时，著四升作。"这是当时人们的制作经验，已经能够根据冬夏时令的不同设计不同的配方，对美食产品可产生同样美妙的效果。

食品为人们的生活提供美味，最初旨在填饱肚皮，维系生存，后则用于社交礼仪、享乐生活。美食设计围绕食材、工艺等方面，古人就有许多设计妙招。如清代袁枚在《随园食单》中曰："凡一物烹成，必需辅佐。要使清者配清，浓者配浓，柔者配柔，刚者配刚，方有和合之妙。"这就是菜品搭配设计之妙。"熟物之法，最重火候。""肉起迟，则红色变黑。鱼起迟，则活肉变死。屡开锅盖，则多沫而少香；火熄再烧，则走油而味失。""切葱之刀，不可以切笋；捣椒之臼，不可以捣粉。"这些都是菜品设计制作中的关键所在。

草帽酥
\
邵万宽－摄

草帽酥

赏析：中国油酥点心的设计在近10多年来可谓是新品不断，构思精巧，匠心独运，各式描摹物品的制作品种栩栩如生。草帽酥，运用圆酥制作法，是在传统的"盒子酥"基础上的创新之作。该作品设计巧妙，形状逼真，手法娴熟，晶莹剔透，酥层清晰，成熟后色泽白净而均匀，充分体现了设计制作者高超而精湛的技艺水平。

藜麦虾球
\
连云港 - 陈权 - 制作

藜麦虾球

赏析：这是虾球制作的新吃法。将河虾仁斩蓉掺入马蹄末制成虾球，用温油氽熟后，此虾球本应完成。但设计者用蛋黄酱和沙拉酱调制，裹在虾球的外层，为虾球穿上了金光闪烁的外衣，顿时倍感新奇多姿。在虾球上撒少许煮熟的藜麦，口感清香，用来搭配沙拉酱，其口感是天然的绝配。选用西北地区的藜麦调配，因含有赖氨酸、膳食纤维、锰和铁元素等，是保护心血管的良好食品。菜品用芥末酱调制，在虾球脆、嫩、爽的质感上又体现了甜、酸、辣的风味。

今天，我们谈到美食设计，既要考虑烹饪技艺的问题，也要兼顾审美造型方面，更要紧扣"食用"二字。它不同于纯艺术品雕塑、绘画等，美食的原料有时间性，也不能长时间地手工处理，还要考虑到温度。菜品失去了应有的温度，它的口感就会大打折扣，甚至出现不良的味道。如清蒸鱼、炒虾仁，温度偏低，就会有腥味。

美食设计，在于人的智慧和思考，设计得巧妙，它所带来的结果将会以菜点的形式被衡量，成为人们喜爱和追捧的食品。作为特色的菜品，经过大厨们设计的菜点充满了独特的构思和情感关怀。美食设计大师通过一款优秀的设计菜品影响着成百上千人的生活追求，给人们带来美味的享受和食用的满足。

人们在提供比较完美的美食产品时，既需要解决色、香、味、温、养技术方面的问题，也需要考虑形、器、饰审美方面的问题。因此，美食设计是综合的，与技术、审美、器具匹配密切相关。美食设计的审美也是很难用明确的定义加以限定的，因为时代与文化背景、地域技术水平的不同，美食设计也在发展与变化。

在未来餐饮经营中，如果不关心美食的设计是很难抢占市场份额的，不论你是高档酒店、高级休闲餐厅或特色餐厅，抑或是普通餐厅、快餐店、单品店，你都得设计好自己的产品。即使乡土餐厅，也必须设计好自己的菜品，把乡土特色展示给广大消费者。

世界著名连锁餐饮企业麦当劳对产品的设计要求是十分严格的。对"面包"的设计要求是：厚度17厘米，里面气泡保持5厘米。对"牛肉饼"的技术要求是：用机器切一律重47.32克，直径9.85厘米，厚6.65厘米。在具体质量要求中，"炸薯条"超过7分钟、"汉堡包"超过10分钟、冲好的"咖啡"超过34分钟——便扔掉。这是产品设计的质量要求，因为这些产品超过了既定的范围口感将大为逊色。所以，麦当劳总裁说："只有最完美的产品才有交到顾客手上的权利。"

人类社会的变化，激发了美食设计的变化，历史发展、饮食习惯、商业往来、民族融合、中外交往和生活水平的提高，所有这一切都可能导致菜品制作发生变化。设计旨在对未来发展的展望中，体现这种潜在的变化。各种饮食交流、实地考察、异乡旅行、烹饪大赛等，都会带给我们美食设计的灵感，为我们的菜品设计提供有效的帮助。

美食设计的成败效果，归根到底与一个人的技术实力、知识水平是有直接关系的。因此，美食设计者应具有开放而独特且质朴的眼光，丰富的实践知识和一定的学识水平及善于分析的聪明才智，这样在善于思考下就可以设计出具有一定影响力的菜品。

从历史发展和菜品制作经验来看，美食设计一方面是促进菜品在企业的增值；另一方面要求我们的制作者要发扬工匠精神，精益求精地把菜品做好，而更多的是对消费者负责。当今，广大烹饪工作者应该增强社会责任感，把自己的工作与生态型、环保型、健康型菜品紧密结合起来。作为一门综合性技术，美食设计已经被越来越多的人所重视，今天，它已经成为烹饪大师一个重要的美食研究内容。

奶香小苹果

赏析： 一只只可爱的白色小苹果，竟然是用山药泥制作而成，还有浓浓的奶香味，软软的、甜甜的，是广大女士和儿童的最爱。山药去皮煮熟，制成白色的山药泥与金钻牛奶一起打成蓉，用白糖搅拌，倒入苹果模具内，放入冰箱冷藏后脱壳成形，状如一个个小苹果。用薄荷叶和绿茶粉点缀，光滑的白色苹果，晶莹透亮，特别惹人喜爱。牛奶与山药搭配，不仅软香适口、奶香浓郁，而且多种营养组合，是童叟的美味佳肴。

奶香小苹果
\
嘉兴 – 李亚 – 制作

滩羊辽参

赏析： 堂灼，是近年来流行的桌饮方式，先由厨房加工烹制好，在餐桌上冲泡啜食。此菜将宁夏盐池滩羊与渤海辽参有机结合，这是原料组配出新的手法。设计者先用滩羊熬制炖汤，将发制的辽参用文火慢焐，熬炖的羊肉切成片与焐熟的辽参装入各客的保温盅内，上桌后乳白色的羊汤一起上桌堂冲于盅内，多种佐料供食客调制食用。滩羊为羊肉珍品，肉质细嫩，脂肪分布均匀，味道鲜美，无腥膻味，营养十分丰富。

滩羊辽参
\
南京 - 孙谨林 - 制作

（二）设计来源于对美食的追求和创造

　　不要误以为美食设计是大师级人物的专利，也不要误以为只有大饭店的人才能设计出好菜品；在社会的任何一个角落，在我们日常生活的每时每刻，只要我们敢于思考、敢于变革，都能够获得创意的灵感，设计出令人满意的菜品。

　　清代著名的戏剧理论家、作家李渔对美食的追求和创造，可称得上是一位美食家。他在《闲情偶寄》一书中记载他设计创作出的"五香面"和"八珍面"是十分具有魅力的。他认为：人们"食切面，其油、盐、酱、醋等佐料，皆下于面汤之中，汤有味而面无味，是人之所重者，不在面而在汤，与未尝食面也。予则不然，以调和诸物尽归于面，面具五味，而汤独清。如此方是食面，非饮汤也。所制面品有二种：一曰五香面；一曰八珍面。""五香者何？酱也，醋也，椒末也，芝麻屑也，焯笋或煮蕈、煮虾之鲜汁也。先以椒末、芝麻屑二物拌入面中，后以酱、醋及鲜汁三物和为一处，即充拌面之水，勿再用水。拌宜极匀，擀宜极薄，切宜极细，然后以滚水下之，则精粹之物尽在面中。""八珍者何？鸡、鱼、虾三物之肉，晒使极干，与鲜笋、香蕈、芝麻、花椒四物，共成极细之末，和入面中，与鲜汁，共为八种。酱醋亦用而不列数内者，以家常日用之物，不得名之以珍也。"其八种食物去除肥腻之品，一起加工成屑米为面，与面粉一起拌和做成面条。李渔阅历丰富，对美食的认知和喜好有自己的追求，他能在日常中亲自动手制作雅致的膳食，寻求饮馔方面的生活乐趣，给人们带来了设计独特的菜品享受。

　　早在20世纪30年代，南京胡长龄大师就对传统的京苏菜（南京菜）进行了研究设计。有一次，老板给胡长龄出了一道难题，要其做一道"冬瓜鸡"，于是胡师傅选择厚肉冬瓜为原料，修成17厘米长、15厘米宽的长方块，在瓜瓤面剜二分之一深度的长方洞，在皮面雕成汉文花纹，炒上咖喱鸡丝填入洞内，上笼蒸熟，反扣盘内，浇上奶白汁，美其名"奶油冬瓜方"。此菜卤汁奶白晶莹，鸡丝香辣鲜嫩，冬瓜味美烂糯，夏令绝美佳肴。除此而外，他观察到一些主顾厌腻于常食的山珍海味，就设计出"以素代荤"的菜肴，用龙口粉丝和虾蓉精心制作了"素鱼翅"，并对"炖菜核""芽姜鸡脯""炖生敲""熏白鱼"进行了大胆的设计改进，令这些传统肴馔以全新的面目出现，深受食客的赞赏。

北京大董烤鸭店总经理董振祥先生是一个善于追求美食的人，他的经营思路和他执着的不断进取精神是分不开的。他曾介绍自己在餐饮经营中设计创新的秘密：我的设计创新与学习分不开。这里所说的学习有两层意思，一是从专科、本科到研究生，系统地学习书本上的理论知识，让我接触到很多新的理念，使我在餐饮企业的管理过程中有了创新的意识；二是向我的师傅们学习，中国菜系很多，大的菜系有川、鲁、粤、淮扬，小的菜系那就更多了。这些菜不说全掌握，只要掌握其中一部分，比如菜系的风味特点、菜品构成、人文、地理、历史知识，创新就有了一定的基础。我觉得，创新不仅仅是改动一些东西，而且还要从菜品理论上解释得通，可以说菜品创新应是以一定菜品理论为指导思想的美食创造活动。如我在向北京饭店陈玉亮师傅学习"黄焖"菜的过程中，导致了我店首创的"红花汁"系列菜肴的出炉。怎样才能发扬陈师傅的精湛厨艺而又满足新世纪顾客的美食需求呢？我把原先的老鸡油全部撇掉，放入藏红花，不仅降低了菜中的脂肪和胆固醇，而且藏红花活血化瘀，对心血管很有好处。后来，我又把藏红花加到其他菜肴中，于是形成了我店新的特色菜红花汁系列菜肴。

菜品设计有时是在偶尔的灵感中不知不觉地产生的。厨房生产者一方面每天在重复传统的工作，按部就班地日复一日地完成厨房各项工作任务；但另一方面，他们也常常突破传统思维，爱琢磨些新道道，设计一些新菜肴。几千年烹饪文化就是这样不断地继承、发展、开拓、创新，才有今天烹饪发展的新面貌的。

1. 人人都有创造力

人类社会中的每一个成员一般都具有创造力，创造力并非超凡之力或神秘之力，它是人的自然属性。也就是说，我们每个厨师都能设计新菜点，只是你花费了多少精力。技艺高超的烹饪大师、声名显赫的烹饪权威固然能设计创造出名菜名点，而初出茅庐、才疏学浅的年轻厨师也有着不可忽视的创造设计能力。

我国古代四大发明之一的活字排版印刷术是由毕昇发明的。毕昇是什么人呢？宋代大学者沈括在《梦溪笔谈》中记载："庆历中，有布衣毕昇，又为活版。"可见毕昇只是一个普通平民，一个工匠。在当代中国，类似的例子屡见不鲜。郝建秀创立先进工作法，倪志福发明新式钻头的时候，都是普通工人。华罗庚最初发表数学论文的时候，只有初中二年级文化程度。这些成功的事例支持了人人都有创造力的观点，是创造力普遍性的有力论据。

餐饮业随着社会的发展而不断变化，我们每天都要面临一些新情况。对于我们大家来说，我们都有创造，我们也一直在变化——这就是生活的本质。

菜品的设计与出新，表现了我们烹调师智慧的一面。我们要想表现自己特有的能力和感受，创造至关重要。餐饮业的发展突飞猛进，营业网点在不断增多，菜品经营越来越显示出个性特色。只要我们稍微分析一下，就会看到烹饪行业有许多重大的变化，不论我们赞同与否，创新变化是社会发展的方向，我们若不能因变而变，就会落伍，就会被时代所淘汰。

一定的时代产生一定的创造成果。从最原始的石器石烹，到当今的微波炉电磁炉，人类的创造成果总是适应了一定时代的需要，同时也是社会当时的生产、科技和文化水平的综合体现。与此对应，产生这些成果的创造力也必然反映该社会当时人类实践水平与认识水平。如果说用"大碗"盛装菜品代表着清代及其以前的菜品设计装盘方法，那么，利用"盘子"盛装菜品就应该是新中国成立以后普遍运用的菜品装盘设计形式。

菜品的设计创新，首先应解放思想，更新观念，努力打破原有的守旧思维模式，以开拓创新精神投身于餐饮经营的大潮中，充分发挥自己的聪明才智。菜品设计与广大烹调工作者的自身努力是分不开的，它是在烹饪实践中，不断得到丰富和发展的，一个人设计能力的根本标志在于调动自身潜能，这种潜能主要来自潜意识的积累，或者说潜意识信息的储备。因此，一个立志设计创新的人必须善于学习，不断积累创新知识信息，当这种创新知识信息积累到一定程度就一定会有效果。

2. 创造性设计需要付出劳动

事实上，菜品的设计与创新，一定要付出劳动。人们常说：创造是一成灵感，九成汗水；一说是灵感中有九成是汗水。因而，创造中所含汗水的成分是90%了。在任何情况下，就实用观点而言，菜品的设计与变化都需要付出有意识的心智劳动以及提供一些必要的资源。

为什么创造需要汗水（心智努力）呢？其努力需要多大，并应以何种方式付出呢？这是个重要问题。因自己的努力和积累的知识、技能不足，通常会削弱新菜设计的发挥。如果想在菜品设计中尽可能多地获益，每个人都得投入一些精力去从事基础知识的学习和基本技能的积累。

菜点设计的前提，需要练就扎实的功底。假如功夫不到，很难有出色的产品问世。所以，设计还是一个"过程"，必须一步步地来。因此，美食设计必须有个过程和程序：

①学好基本功，锻炼扎实功底。

②踏踏实实做好传统菜。

③循序渐进，旁通各地厨艺。

这是美食设计活动的三部曲，做好这三点，并且熟能生巧，放下包袱，打开思路，新的菜品就比较容易设计产生了。

当然，在创造性地解决问题和运用应变手段的情况下，我们不能不涉及意识思维的领域。大多数对创造性活动的说法，都认为观念的产生是来自于意识思维领域。谈到菜品设计与创新问题，首先是我们对本质工作的喜爱程度，因为，创造力的产生有其内在动机，即内在动机有助于创造力的发挥。换言之，如果我们献身于餐饮工作、烹饪事业是出于内在需要和自我兴趣的工作，我们的创造潜力就可以得到更充分的发挥。

然而，美食设计对于我们大多数的人来说，都是内在驱动和外在驱动兼而有之。就大多数人而言，自然发挥的创造力是不够的，大多数人注定要极端受到外在动机的影响。社会环境、企业的要求、个人的意愿一起构成了人们设计创新的动机，不可否认的是，人们的创造潜力是因人而异的。

虾蟹伊府面
\
南京 - 洪顺安 - 制作

虾蟹伊府面

赏析： 利用伊府面与虾、蟹一起烹制，酥脆而香鲜。此菜创意新颖是在江苏传统菜"炒蟹脆"的基础上的再创作。伊府面是经油炸的面条，本身具有特殊的油香和酥脆的特点，用鸡汤等配料烹制，使其酥软油香，似菜、似面，食用时能增加菜品的层次感和口味的多变性。

香芋蓉对虾

赏析：虾肴的千变万化，离不开江苏烹饪大师们的巨大贡献。原因不仅在于江苏水产鱼虾丰富，更在于江苏人爱吃虾、品虾。利用芋蓉与对虾的有机结合，在鲜嫩的虾体上，包裹着酥香松脆的外衣，既保持了虾形的完整，又增加了杏仁和广芋的香味。此菜不仅营养丰富，口感绝妙，而且增加了菜肴特殊的味感。

而对于一个烹饪工作者来说，如果毫无创新与美食设计，便丧失了竞争能力，他就会停滞不前，甚至会被淘汰出局。

3. 设计者要敢于突破常规

当今世界，一切都在变化。餐饮发展更迭可以推动人的思维更新，但不能代替人的思维创新，开发创新思维，关键靠自己。这就和养花种树一样，只有亲手栽培，勤于浇灌，才能开出灿烂之花，结出丰硕之果。

谈到设计创新的能力问题，马上有人会说，我生来就没有这种能力。其实，创新潜能，人皆有之。美国学者玛格丽特·米德在1964年出版的《人类潜在能力探索》一书中指出：一般情况下，人的大脑资源的95%没有得到开发，人脑的最大创造能力可能是无限的。前苏联学者伊凡·叶夫雷莫夫指出，人的潜力之大令人震惊，在通常的工作与生活条件下，人只运用了他思维工具的一小部分，如果我们迫使大脑开足一半马力，我们就能毫不费力地学会40种语言，把《苏联百科全书》从头到尾背下，完成几十个大学的课程。潜能理论告诉我们，每个人都能有所发现、有所创造，都有自己的过人之处，都应该成为发明创造的巨人。

创新思维不是生来俱有的，它主要来源于不断发展的新实践之中，产生于实践主体的不懈追求之中，形成于理论与实践的有机结合之中，离开了主观努力是进入不了创新境界的，靠外力、靠别人也是开发不出来的，唯独只有自己，才是挖掘自己创新思维潜力、开发新菜品的真正主人。

有些烹调师总认为自己的工作很难设计创新，翻来覆去老一套。其实，是我们怕动脑筋，安于现状。美食设计的内容和形式可以各不相同，只要我们多学习、多交流，就很容易迸发出新的火花。实际上全国各地每天都有设计出色的创新菜出现，那些仿古菜、乡土菜、新派菜、改良菜，等等，不断地开辟菜品创新的新潮流，去造福于人类。

首先，设计者要强化创造意识。创造意识，就是指创造的愿望动机和意图，这是创造性思维的出发点和原动力。成功的创造者总有一种有所发现、有所创新、有所前进的强烈创造意识，总有一种打破常规、克服保守、勇于开拓进取的精神，这本身就是创新设计能力的象征。

其次，设计者要善于学习。善于学习，就是指既善于从书本中学习，又善于从实践中学习；既从成功的经验中学习，又从失败的教训中学习，这是提高设计者创新能力的最佳途径。

再次，设计者要掌握方法。掌握方法，就是指寻找提高创造性思维能力的"桥"和"船"。大量实践证明，各种不同的设计创新方法，都是提高设计者创新能力的有效方法。

4. 美食设计是企业竞争的法宝

中国传统的饮食文化是璀璨夺目的，几千年的饮食文明，把中国的烹饪技术带到了登峰造极的地步。当今时代，在继承传统文化的基础上，如何紧跟时代步伐，适应新的形势，这个重任交给了我们年青一代的烹调师。

第一，现实中包含有真正价值的东西，需要我们去继承发扬。

如中餐的刀工、烹调、配伍等。将传统技艺转化，需要我们去开发研究。从砂锅、铁锅到高压锅、电磁锅，它所吸收的事物是一个积极的过程，用创造性品质激活它们，并像酵母一样将它们传递到将来。让我们将目光从传统累积转向每个新的阶段，以适应现代人的需要。如从原来的单个菜品的烹制到现在批量的标准化生产，我们在不断地吸收过去的技法、规范现在的制作，以期满足现代人的就餐需要。

传统中许多优秀的东西，我们要继承和保护。谈设计创新，假如不在传统的指导下，只是简单地对具体的不公正做出反应是极具破坏性的。人们过去通常所讲的"西方的月亮比中国的圆"，"西方的菜品比中国的合理"是不负责任的说法，中国菜流传世界各地，西方人爱吃中国菜，这是不争的事实。在菜品设计方面，我们要把传统的有利的方面发扬光大，并使好的东西长久保持下去，影响世界。

第二，需要解放思想，与习惯思维进行决裂。

解放思想的过程，实际上就是与创新思维相悖的若干惯性思维进行决裂的过程。这种决裂越勇敢、越彻底，越能打开解放思想的大门，越能向设计创新思维走近。

在创新的进程中，我们不能受许多条条框框的限制，惯性思维是顽固不化的，如果不突破传统束缚，就难以克服一切阻力和人的惰性，也就不会有新的超越。

守旧思维常常束缚着我们的手脚，守旧思维是思维定式所形成的产物。习惯于守旧思维的人，思想僵化，观念陈旧，他们总是利用过去的、已有的观点、认识、看法来裁剪不断变化和发展的客观实际，而面对新情况、新问题，其观念和认识不敢越雷池一步。比如，从改革开放之前走过来的部分厨师，都习惯于正宗的传统菜如何做，或者认为"我的师傅怎么做"，对流行的、改良的设计创新菜始终是漠然置之，说风凉话，甚至更有冷嘲热讽的现象。由此，阻碍了人们思维，如果不开辟美食设计的制作风格，围着原来的小圈子，就冲不破固有的思维圈，也很难适应现代的经济发展，更不可能使企业兴旺发达。

第三，菜品的设计创新是时代发展的必然趋势。

中国五千年的文明史和博大精深的烹饪技艺，造就了"食在中国"的美誉。探讨一下中国烹饪艺术的发展，除了地域广博、物产丰富以外，还有各大菜系的名厨辈出，各地方都有技艺不同的人才，以及拥有一批文化素养较高的品尝者——美食家，这两者的相互依存与配合，使菜品推陈出新，不断涌现新的设计品种，推动着中国餐饮潮流不断地向前发展。

从烹饪历史来看，革新与流行是菜品发展过程的历史现象。菜品的创新与流行性是使菜品发展并保持长久生命力的重要属性和推动力。一部中国烹饪发展史，实际上就是中国烹饪的创新史。当今烹饪中的食物原料、烹调方法、调味味型、菜品造型方法、餐具器皿等，都是经历代劳动人民创造革新而来的。

"美食设计"是一种见识，是一种竞争的法宝，是一种看家本领，是餐饮经营的出路。当今餐饮市场瞬息万变，我们就必须具有一种驾驭之本领去占有一种属于自己份额的市场。

（三）设计：追求与众不同、不落俗套

设计与开发新菜品是从搜集各种素材开始，并将这些素材进行取舍，经过构思、设想，并通过各种烹调技法转变为市场上人们所需要的菜品的前后连续的过程。构思是设计创新菜品研发过程的第一步，实际上就是寻求创意的过程，是日后菜品开发能否顺利进行的重要环节。所以，

在美食设计研发之初，就要把握市场的需求，切中顾客的喜好，追求与众不同，不落俗套。在餐饮经营与制作中，美食设计的制作思路可以从多方面去考虑。

1. 菜品的设计与构思

（1）以精湛的技术取胜

中国烹饪技术博大精深，各地都有自己独特的烹调技法，利用设计者自己的技术特长展现独有的风格特色，可以为菜品设计与创新提供最好的思路。利用技术精湛的功夫，保证菜品质量过硬，一定是会得到广大顾客的青睐和赞许的。即使普通的鱼丝、腰花，如果制作者能够刀工整齐划一、剞花深浅均匀，就是一款设计优秀的作品。

菜心白鱼球

赏析： 现在人吃东西都很挑剔，不仅要口感好，还讲究色彩搭配。设计者为了满足客人的要求，就必须创作出既美味又美观的菜肴。太湖白鱼肉质细嫩，用其制作鱼圆色泽白净，鱼肉细腻，且富有弹性。但没有精湛的技术是很难达到白鱼圆的要求。鱼圆用菜心围边，营养搭配合理均衡。成菜后不仅色泽可人、外形漂亮，而且味道爽口、滑润。

菜心白鱼球
\
无锡 – 徐平 – 制作

（2）以奇巧的造型取胜

在菜品美味的基础上，菜品的设计能否打动人心，这就需要有敏锐的眼光和独特的审美，使菜品的外观与众不同，以达到出奇制胜的效果。即使较普通的菜品，如"蛋炒饭"，你可以用小碗扣装，也可以用模具盛装，可以千变万化，产生不一样的效果。

冰罩水晶鲍

赏析： 自古以来，鲍鱼在中国菜中的地位都是"唯我独尊"的，能够品尝这一美味的人往往非贵即富。《史记》称鲍鱼是"珍肴美味"。明清时期鲍鱼被列为八珍之一。这里的冰罩水晶活鲍，应成为鲍鱼的典范之作。冰罩为矿泉水与气球的巧妙制作，其造型别致，气宇轩昂，高贵典雅，可作VIP客人的菜肴；周围配上四种不同的蔬菜丝，使口感交相呼应，更加美味爽口。

冰罩水晶鲍 南京－殷允民－制作

如意笋
\
无锡－周国良－制作

（3）以独特的构思取胜

菜品设计需要有独特的眼光，甚至是让别人难以想象，构思巧妙而独特，就会给人以惊喜。或将两者本来毫不相干的内容有机地结合在一起，以及运用逆向思维来设计创新，就如反弹琵琶一样，使其出奇制胜。如广东的"大良炒鲜奶"、香港的"火烧冰淇淋"等。

如意笋

赏析： 吉祥如意步步高，巧制器皿添神韵。设计者利用鲜嫩完整的冬笋外壳，加工成喇叭花状作为盛器，这是一个立意新颖的创意。菜品运用太湖虾仁、蟹黄与肥膘、笋尖肉一起调制成馅心，包入其内制成如意卷形，蒸熟后切成块成吉祥的如意卷，与步步高的竹笋相对应，口味鲜爽，既有农家乡土风格，原色、原味、原形的结合，又体现了雅俗共赏的创意特色。

双色炒饭
\
南京 - 缪进 - 制作

（4）以组合的变化取胜

就菜品的设计创新而言，组合就是创新，让不同的原料、不同的技法、不同口味有机地组合在一起，就会产生意想不到的效果。在菜品设计中，可以是菜肴和点心的组合，也可以是中西菜点的结合，还可以是不同地域菜品之间的组合，都可以产生不同寻常的效果。

双色炒饭

赏析：炒饭，以往多配荤料如虾仁、火腿等与其共炒，今天的宴会上，人们已对荤料炒饭以及多油炒制颇有微词，换配以瓜果蔬菜，既清爽利口，又色彩悦目，且有降低胆固醇、减少血脂、净化血液等作用，诚如清代薛宝辰在《素食说略》中所云："畦蔬园薪，致餐竟美于珍馐"。此品双色双味，营养丰富，是宴席中优美的小插曲。

锅贴银鱼
\
无锡－周国良－制作

锅贴银鱼

赏析： 此菜运用江苏太湖特色之原料精制而成。太湖银鱼肉质滑嫩、细腻、鲜美；太湖白虾肉质细嫩、润滑，制成胶后有韧劲，口感顺滑而富有弹性。此菜的制作以传统技法为主体，在原有的虾胶中加进了银鱼，不仅在表层上酿制银鱼，虾胶中也有银鱼的香鲜之味，用干贝丝和荠菜配饰共烹，既增色又增香，渲染出独特的风味。

（5）以地域的特色取胜

不同地区有不同的特色、不同的风格，利用本地区特色的原材料、特色的技法既可以嫁接到传统菜式上，也可以创制出新颖的菜品来。往往越是地域风格浓郁的菜品就越是具有影响力的产品。运用当地的土原料、土方法、土调味、土餐具，或许就能制作出特色的菜品来。

（6）以特有的味感取胜

顾客对菜品的真正取舍大多是以口味而决定的，好吃不好吃，成为许多人选择餐厅的主要依据。当我们在设计菜品时，想不出好的造型时，何不在口味上动脑筋？味是菜品的灵魂，利用好的食材，调配出带有个性配方的调味汁，制作出别人难以模仿的菜品口味，就可以无往而不胜。

三味土豆泥
\
南京－蒋云翀－制作

三味土豆泥

赏析：土豆作为一种生活中最为常用的食材，被中外人士广为食用，吃法也多种多样。聪明的设计者，为了丰富菜品的味道，结合中外的不同食法，合理演化，将蒸熟的土豆去皮，制蓉泥，与多种调料调和，制成三个大小一致的小型球体，分别用橙汁、酸奶、番茄沙司淋在土豆球上，简易的造型体现的是不同的风味，此菜干净雅致，色味不同，清爽利口，营养开胃。

2. 菜品的设计与创意

菜品的设计与创意是要投入很多的精力和心血的。没有走访学习和默默耕耘是不可能有大收获的。这就需要我们的烹饪师脚踏实地地不断钻研技术，学习相关理论知识。

北京的"梧桐"餐厅是以设计创意菜而著名的，梧桐雅致清幽的环境和色味俱佳的菜品，吸引了众多白领阶层和外国人士。美食总监余梅胜是一个善于动脑琢磨的人。他以中国传统烹饪的味道为基础，以技法为烘托，同时吸收西餐和亚洲餐能为我所用的元素，来创作菜品。菜品以"健康、时尚、好看、好吃"为主题。他设计创作的"龙井茶羹"，青菜、豆腐是最传统典型的中国元素，但仅仅是青菜、豆腐是满足不了爱健康又爱变化和美味的现代人的口味，所以就在其中加入了奶油和龙井茶粉，奶油使这碗羹在清淡之中有浓厚，茶粉则增加了香气和层次，是一道融健康、时尚、好吃、好看为一体的新中国菜。又比如，将传统水煮鱼的导味传媒由油改成了水制成的汁，再把原先切得很薄失去鱼肉鲜美质感的鱼片改成块状的半条鱼肉，这样就既保持了鱼本身的味道和形状，又保持了水煮鱼特有的麻辣鲜香口味，同时也更加健康营养。

开放后的上海，世界各地来沪人员日益增多，信息的交流和物流的畅通为我们带来了更多的技术和原材料。如果能积极吸收世界各地美食文化为己所用，兼容并蓄、博采众长，就可以独领风骚。上海陈建新大师，对中餐菜肴进行了一系列的改良尝试。首先，从调味料、烹调方法及盛器上加以改良，如"金丝富贵虾"，传统中餐中虾仁以清炒或结合其他辅料混炒，而他在制作中大胆加入了西餐沙拉酱，用西餐的烹制方法加以改良，成形后菜品改变了原有的口味。又如"果味熘龙虾"，一改传统将龙虾取肉清炒的制作方法，而是将龙虾肉与新鲜水果改刀成粒，一起熘炒，这款新菜色泽鲜明，果味浓香，口味特别，深受消费者喜爱。再如"鸡酱牛柳"，此菜运用了泰国鸡酱调味料，将牛柳拍上面包糠，淋上泰国鸡酱，运用新口味，满足了客人求新、求变的消费需求，收到了意想不到的效果。

中国普通的面食馒头，是人人爱吃的主食。而在武汉餐饮业中大量馒头菜的出现，可算是馒头这个餐桌老藤绽出了新枝。据易先勇先生介绍，某酒店推出的"馒头炒脆骨"，是将馒头切成小丁，炸后与猪脆骨一起炒，脆嘣嘣的，不比花生炒脆骨的味道差。还有的酒店将馒头切成细粒，加进鸡蛋，与猪瘦肉一起做成"四喜馒头丸"，再用旺火蒸，浇上烧好的海参片、冬笋片、菜心等，色泽红亮，咸鲜味醇，入口即化。汉口某酒店有一道"荷叶馍夹肉"，是将馒头做成开边荷叶状（即荷叶夹），吃时夹进蒸好的粉蒸肉，被人称为中式汉堡，另有一番风味。而"茄汁馒头夹"，则是馒头切成夹刀片，中间夹上果酱，挂糊炸好后放在调好的番茄沙司里，红艳一片，甜酸酥脆爽口。再如"橙汁馒头鸡"，是用馒头切成大薄片，抹上鸡肉泥做成卷，炸成金黄色后食用，中西合璧。"拔丝果奶馒头"则细丝缕缕，果香、奶香浓郁。

川籍贵州名师杨荣忠设计创制的特色汤圆菜肴，在汤圆的加工上不煮、不煎，而用配料去炒，创制出新花样，设计出了新菜肴"酸菜炒汤圆"。此菜在西南地区乃至全国产生了很大的影响。它是将主料——汤圆经高油温炸制后与酸菜一同炒制而成的一道具有酸、甜、酥、脆口感的菜肴。其原为中国烹饪名师杨荣忠几年前在重庆一个度假村推出的具有浓郁乡土风味的菜肴，后经喜欢琢磨烹饪的万得修大师在《贵州商报》的美食版披露其做法，随即以燎原之势在贵州、四川、重庆、北京、上海、江苏等地蔓延开来！"酸菜炒汤圆"之所以在菜品繁多的餐饮市场取得成功，就在于一个"怪"字，迎合了人们追新求异猎奇的心理。汤圆与酸菜，在常人看来简直就是风马牛不相及的两种原料，而酸菜的酸、汤圆的甜与干辣椒的辣相结合起来的独特味道足可以与川菜当中人人称道的"鱼香味""怪味"相比肩。

鳜鱼炖豆腐

赏析：好吃、营养、雅致是菜肴设计创新的魅人之处，也是客人最爱之作。此菜的设计貌似简单，特殊就在其味、其养之中。小箱豆腐是江苏无锡的传统特产。此菜选用宜兴紫砂盅作为盛器，用豆腐与鳜鱼肉组合，嫩爽相伴，鲜美合一。白色的豆腐与白色的鱼肉在翠绿的黄瓜汁之间，用瑶柱配制点缀，显得更加清爽、诱人。此菜色味俱佳，口感鲜嫩，营养丰富。

紫薯乳峰酥
\
邵万宽 - 摄

紫薯乳峰酥

赏析：让平凡的点心出彩、亮丽不是一件容易的事情，这就要靠设计者的匠心独运。一个圆馒头或圆餐包是再普通不过的造型，也可称为山峰、乳峰，但如何设计制作让人眼前一亮就在于巧妙的构思。此酥点采用紫薯粉与面粉的结合，经起酥、擀叠，用圆酥制作方法制成乳峰外形，包入奶黄馅，酥层层层环绕，造型圆润而饱满，天然的色彩、朴实的造型，给人耳目一新之感。

有这么一家"宴遇"连锁餐厅，2011年开业，每开一家门店都带动一块商圈红火，它是一家主打"新中国菜"的时尚餐厅，其招牌菜是辣子鸡配芒果蛋黄。他们的创意产品大部分都来自于生活。董事长傅乙晟说，如果想做出好的创意菜，厨师团队就必须多看艺术品，学摄影，去国外吸收新的东西。宴遇甚至为厨师们配备了近一墙宽的大书柜，书柜里摆设了各国的料理书籍，每个月都会有补充。宴遇认可的新中国菜并不是简单地换个形式或者装盘，更确切地说是博采众长，打破直觉和经验，寻找意料之外的组合，重新建立起属于宴遇的美味法则。他们自成立以来，坚持每个季度推出至少12道新品，8年多30多个季节从未间断。每个季度末，主厨都会根据新品的销售情况对原有销售不畅的菜给予下架或者保留处理，这样极大地保证了菜品的活跃度。

二、美食设计：
大厨与设计师
已真正会师

大厨与设计师，这是两个不同的概念，虽然不同，但两者之间的紧密联系还是不言而喻的。大厨是烹饪的行家，是菜品的设计者；设计师是产品的设计高手。烹饪的精髓在于设计创造美食美味，大厨在某种意义上说就是美食设计师。

然而在实际生活中我们看到，大厨与设计师既有统一的一面，也有不相同的一面。具体到单个的厨师身上，这种不统一就更为突出。主要是不少大厨缺少连续学习，缺少设计师的基本素养。长期以来，中国烹饪虽然取得了较为辉煌的业绩，获得了许多国际性的荣誉，但是具体的操作者——厨师，却长期以来只是缺少提高文化修养的手艺人。尽管大厨们也一直研究设计菜品，那也仅仅用其手艺来为社会服务，为宾客服务，日复一日，完成每天的接待，很难有精力和时间不断充实知识和修养。

应该看到大厨与设计师之间存在的差距，这是历史的原因造成的。虽然烹饪高等教育持续了30余年，但在一线岗位的、始终专注钻研的人却是凤毛麟角。但我们也感觉到，虽然烹饪界能称之为设计师的大厨不在多数，但企业的经营中、各类烹饪大赛中涌现出的美食设计者却与日俱增。而对于一些有一定文化修养和审美情趣的大厨来说，他们设计的菜品在社会上不断亮相，而且能调动许多客人的进食欲望，并能长久流传。这就是大厨与设计师在逐渐靠近和会师。

由于历史的局限，大厨与设计师之间并没有多少联系。烹饪要发展，向新时代发展，需要上新的台阶。今天，大厨与设计师已真正会师。如果说，往昔的厨师受历史条件的限制，受社会习惯势力的影响，那么社会发展到今天，餐饮经营已成为新时代的弄潮儿，这一历史局限完全应该而且必须要得到纠正。在今天的餐饮界来看，一个不容置疑的现实是，在烹饪行业还残留着历史的痕迹，相当多的厨师不注重文化和理论的学习和再提高，不能自觉地意识到美食设计师还需要提高各方面修养的道理，不能跳出烹饪技艺的框框去广泛吸收多方面的滋养。广大厨师拓宽知识面，增加文化底蕴，这是走近美食设计师的一个重要前提，因为美食本身就是一种文化。

大厨与设计师会师，需要借鉴和学习多方面的文化知识，需要对烹饪技术的无限热爱，对美食设计的全身心投入，对美食文化的深入研究，对美食美味的全方位考察。如今在一些餐饮企业，琢磨、研究菜品者有做出突出成绩的，有取得较好收益的，有提出独创见解的，已真正成为新时代出色的美食设计大师。

（一）美食设计师具有独特的眼光

餐饮市场的发展变化是社会发展的必然结果。美食设计师应紧紧跟随市场的步伐，不断调整自己的思路，寻求新的突破。

1. 把握市场走势，寻求突破

美食设计，在于有所突破。但仔细思考，美食没有绝对的标准。同一菜品，不同地域的人给出的评价不同，因此，美食只有相对的标准。一款菜品是否能得到大多数人的认可和喜爱，这是衡量美食最有说服力的地方。因此，美食设计的成败，由市场说了算。

（1）投其所好

根据目标顾客群体的喜好筛选相适宜的菜品构思和设计点子，而不必兼顾所有顾客。如年轻人喜欢新奇、方便、噱头、颜色鲜艳、造型独特的菜品。各种菜品新异的造势菜和新原料的引进利用等，都可令许多顾客兴趣大增。如近几年的网红餐厅，一路火爆，得到了所有年轻人的青睐。

（2）供其所需

不论新、老菜品，有无创意，只要消费者有确切的、一定规模的需要，就可以开发生产相应的菜品。如农家菜、民间菜以及烧烤餐厅、农舍饭庄、单品类餐厅，只要有需要都可设计策划，并可开发新的菜肴。如今的乡土餐厅在各大城市普遍生意兴隆，这得到了许多老顾客的关注和喜爱。

（3）激其所欲

用奇特的构思或推出特色的餐饮项目，激发顾客的潜在需要。如饭店及时推出的每天特选菜、每日奉送菜，活动大抽奖以及烟雾菜、桑拿菜、养生菜等，以引起顾客的购买欲。肯德基、麦当劳的促销，常常会激发起儿童的欲望，优惠券、打折卡的发放，激起儿童的进餐欲求和兴趣。

（4）适其所向

预测分析顾客需求动向和偏好变化，适时调整菜品的内容，开拓和引导市场。如根据市场需要最先推出美容食品、健脑食品、长寿食品、方便食品等，以满足顾客的广泛需求。有机食品是现代人普遍喜好的，利用其特有的功效和特点开发设计新品，可以得到绝大多数人的拥戴。

（5）补其所缺

首先要了解市场的行情，分析现在的餐饮市场，还缺少什么，需补充什么，不论产品价值大小，只要市场有一定的需求量，这是一种非常可行、有效的新菜品开发思路。如市场上缺少仿古餐厅，可开发古代菜点，或者节日前夕开发儿童节、情人节、重阳节食品等。

（6）释其所疑

开发出的菜品让消费者买得放心、用得明白，减少顾客的疑问。作为餐饮企业，应该是一个有良心、有道德、让人们信得过的企业，如有些饭店餐厅提供的食品监测设备、绿色生态食品、无公害食品、人工大灶食品等；有些企业利用自身的养殖基地提供的食材，让人们吃得放心、吃得舒畅。

2. 美食设计与开发的方向

中国菜品经过几千年的发展变迁，已取得了十分可喜的成绩，传承文化、顺应时代的饮食内涵为其不断发展、创新提供了更大的空间。从烹饪、菜品文化或人们饮食观念的角度来说，未来菜品的开发，大致有以下几个特征。

（1）营养保健型

食品最重要的功用即是提供维持生命所必需的营养物质，其次是提供美味享受，第三是对生命活动的调节功用。近年来盛行研究食品中可调节人体各种系统的因子，为充分发挥食品对人体功能的调节作用而制成的食品，即是功能食品。因而，世界各地企图依靠食物来积极地保持健康之风日渐盛行。

当人们告别饥饿、获得了温饱，讲究如何吃好的时候，人们对科学饮食的涵义产生了新的看法。人们已充分认识到"吃的食物要营养保健"。而今，营养保健食品已上升到显著地位，其中又以老人长寿、妇女健美、儿童益智、中年调养四大类菜品更具有广阔的市场前途。当今时代，国内外菜品消费不断推陈出新，掀起阵阵保健热潮。如药膳食品走俏，黑色食品受宠，纤维食品风行，各种保健食品大流行。

妙手回春

赏析：这是一款颇受人们欢迎的"大素小荤"菜肴，取料简便，制作简当，是一道象形菜，食之清淡爽口。设计者在配色上，白绿相间，十分幽雅，再用虾仁馅作配，更增加了菜肴的档次和卖点，也是当今宴会上的抢手菜。菜品在原料的配置上，突出了蛋白质和维生素的营养成分，最能吸引众多的清淡口味的食客和减肥一族。

妙手回春
\
南京 – 洪顺安 – 制作

（2）返璞归真型

所谓返璞归真的菜品，即是崇尚自然、回归自然，利用无污染、无公害的绿色食品原料而制作的菜品。现代都市人，在吃多了山珍海味、鸡鱼肉蛋以后，倒时不时向往过一过昔日那种古朴、清淡的生活。于是，便逐渐涌动起一股"返璞"消费的新潮。由于现代都市生活的紧张，快节奏和喧嚣，加之社会大工业的发展，抗拒污染及保健潮的影响，使越来越多的人对都市生活产生了厌烦和不安，渴望回到大自然，追求恬静的田园生活。反映到饮食上，各种清新、朴实、自然、营养、味美的粗粮系列菜、田园菜、山野菜、森林菜、海洋菜等系列菜品日益受到人们的喜爱。

荞麦奶黄包

赏析： 荞麦面是近年来反向流行的杂粮粉料，因其多产于高寒地区，可以生长在贫瘠的土地上，像山西、陕北等地，不适合种小麦，那里自古就有食用荞麦的习惯。如今荞麦畅销全国，价位不断攀升，更是由于它营养丰富，食用方便，得到了老百姓的青睐。荞麦面包上奶黄馅，食用时营养与口味相互补充，面香与奶香融为一体，软面与流馅合二为一，直让人口感触觉快慰而满足。

荞麦奶黄包
\
邵万宽－摄

（3）适应大众型

随着社会经济的发展及人民生活水平的提高，餐饮业经营服务领域拓宽，广大居民对餐饮市场的需求越来越大，家庭劳动不断走向社会化。特别是"双休日"的实行与节假日的增多，居民外出就餐的次数上升，消费增加，普通百姓自掏腰包进餐厅的越来越多，大众化菜品成为目前我国餐饮市场的主流。如时令菜、家常菜、乡土菜等，加之节假日的推销与新菜展示等活动，以及粗粮细作、荤菜素作、下脚料精作等，为大众化市场的推广与发展起到了积极的作用。

香肉玉兰片

赏析：大众流行菜品已成为餐饮市场的主旋律。用料实在，制作简便，美味可口，再加上营养合理，便是普通百姓喜爱的菜品。这是一款山乡风味菜，取自制之咸肉，采山乡之玉兰片，备绿色之菜心，三味一体，三色并举，用鸡汤煲之，腊香、鲜香、嫩香汇聚，确是一道美味异常的家常风味特色菜。

香肉玉兰片
\
无锡－栾庆根－制作

酥皮叫化鸡

赏析： 叫化鸡，是江苏常熟一带的地方名菜，已流传到全国各地。这样一款朴实、味香又颇具特色的菜品如今一直被人们所喜爱。利用酥皮包裹制成的叫化鸡，已非原有之味，而是一道改良的新品菜肴，每人一份，内香外酥，菜点合璧；酥皮香、鸡肉嫩，配上脆嫩的生菜共食，给"叫化鸡"带来了神秘之感。

酥皮叫化鸡
\
南京 – 缪进 – 制作

（4）技艺融合型

现代社会的高速发展，导致了地区之间交往的频繁和扩大，广大的烹调师游走四方的机会增多，不同地区风味的餐厅不断地走进了我们的餐饮市场，各地烹饪的交流也将越来越深入，使得餐饮经营呈现多元化现象，导致了菜品制作技艺的相互学习、模仿、扩散，南北技艺的交流，民族技艺的嫁接，菜点技艺的借鉴，中西技艺的融合等，各地区和不同国家之间在烹饪技艺和设计款式上取长补短，不断借鉴与融合的菜品制作风格将会越来越显现。

（二）美食设计在餐饮经营中大显身手

在全国各地的饭店中，设计独特的品牌菜品一般都会带来好的收益。反过来说，一个餐饮企业只要有一两道能够激起客人兴趣的菜品，就不愁没有客人光顾。像北京的

"全聚德""便宜坊"就是靠"烤鸭"品牌而影响全国的，它的收益也主要是这个品牌所带来的。全国的许多老字号餐厅都是如此，只要有设计独特的菜品，市场总会是来关注你的。

1. 好的美食设计可以带来可观的效益

我国许多现存的老字号餐厅，在保持传统风格的基础上，老店发出了新枝，在改革中不断增添新的活力。在江苏，如南京的"绿柳居""马祥兴""安乐园"，苏州的"松鹤楼"，镇江的"宴春酒楼"等，在当地的餐饮经营中始终是门庭若市，收益颇丰的。就"松鹤楼"餐馆的经营而言，传统品牌菜"松鼠鳜鱼"老店每天要销售鳜鱼300～350条，而镇江的"宴春酒楼"年销售"水晶肴蹄"一款菜品的收入就达8000万元左右。这在全国许多经营较好的特色餐厅、老字号餐厅都不算什么新闻，关键是企业有没有设计独特的品牌菜品。

成都的大蓉和酒店，因为开发研制了一道菜，一年居然能卖出10万份，纯利达到400多万元。而且这道菜自2007年推行，一直长盛不衰。2006年春季的一天中午，时任行政总厨的王师傅，突然接到了刘总从湖南长沙打来的电话，要他立即乘飞机赶往长沙。刘总当时正好到长沙出差，在一家小饭店里面吃了一道剁椒鱼头。这道菜他以前吃过很多次，但是这家的味道很独特。刘总觉得做得非常好、大气，口味也比较刺激。这让一直琢磨菜品创新的刘总异常兴奋。于是，刘总在电话里交代自己的厨师，一定要把这道菜学会。为了要学到这道菜，王总厨在这家餐馆连着吃了好几天。回到成都后，王总厨和厨师们很快将这道菜做了出来，味道也完全一样，但刘总不着急推出这道菜。"这道菜不是普通的新菜品，除了味道好以外，必须要进行重新包装，比如做法和用料上要有一个新形式。这样既能保证味道的正宗，又能有新的吸引人的卖点。"

"找市场上没有的东西，最关键的应该是找原料，第二是找烹调方法，第三就是找这个调料。"在沉寂了三个月后，刘总终于推出了一道全新的菜品"石锅三角峰"。这是怎么研制出来的？刘总究竟做了哪些设计改良呢？他从最传统的用料进行改良。剁椒鱼头采用的是红色的辣椒，刘总决定采用绿色的辣椒，从色泽上做全新的改变，在视觉上先对食客形成一种冲击力。比如，采用绿色的青花椒、青海椒、芹菜、香菜和姜蒜，全部提取蔬菜的绿色辣。在青辣椒口味不佳的情况下，他们找遍了成都所有的菜市场，终于在一家卖辣椒的摊位前发现了为数不多的小米椒，它的辣度相当于普通辣椒的10倍。这个绿色的小米椒让整个事情出现了一丝转机。其次是做法上的创新，传统的剁椒鱼头是以蒸为主。刘总借鉴了韩国石锅的烹制方法，将鱼头放进石锅内进行石烹。石头的温度将鱼煮熟，这样鱼的营养不会流失，鱼肉也会特别嫩。一个石锅端上来，不仅让顾客觉得热气腾腾，而且感觉量大实惠。这两种创新，让爱吃、会吃的成都食客多了一种选择。一份"石锅三角峰"售价68元，自从推出这道菜之后，刘总的店里每天都能卖出100多份。

北京旺顺阁的"鱼头泡饼"，在首届中国京菜美食文化节上被认定为第一批"中国京菜名菜"。其实鱼头泡饼改良于鲁菜侉炖鱼，原本的菜系当中并不包括这道菜。张雅青夫妇创立旺顺阁初期，由于缺少特色，营业额平平淡淡，后来一次偶然的机会，他们发现把烙饼放入炖好的鱼汤中，味道竟不是一般的好滋味。后来夫妇二人把这个发现应用到自家的菜馆中，一时间如同化学反应，火爆开来！

旺顺阁最开始所有的鱼都来自杭州千岛湖，选择2千克以上、肉质肥美的胖头鱼作为主料。后来为了增加供应地保障鱼品供应，张雅青多方走访，调研地遍布全国。后来经过慎重选择，新疆赛里木湖、东北查干湖、安徽响洪甸等国家一级水体湖泊成为新的供鱼地。另一方面，手工烙饼也是菜品得以惊艳的另一关键。旺顺阁选择上好的面粉，面饼需擀压十多遍后上锅烘烤，三翻三刷油，外焦里嫩。一道菜的灵魂就在它独到的配方里，旺顺阁的"鱼头泡饼"配方也同样是顶级机密。除了张雅青和两位研发大师，配料室里面也就准许3个人进入。并且随着大众的口味和鱼头的产地变化，配方也会稍作修改，这使得"鱼头泡饼"的味道一时间难以复制。同时，旺顺阁所有的店面都采用统一配送货品、统一定价、统一的员工管理原则。旺顺阁在开始就凭借着"鱼头泡饼"这一独门绝技仅仅三个月就赚了100多万元，以至京城里好多餐馆也纷纷效仿，一时间"鱼头泡饼"这道菜就传播开来。"北京烤鸭全聚德，鱼头泡饼旺顺阁"是旺顺阁最开始品牌推广的口号，旨在打造新北京的地方特色，2012年仅"鱼头泡饼"这一道特色菜就卖了2亿多元。

近年来，随着节俭风的渗透，以及餐饮市场消费人群的改变，不少餐饮品牌都转而走向"聚焦单品、时尚潮流、高性价比"的路线，把目光瞄准大众市场。"单品店"通过专注把一类产品口味做到最佳，给消费者留下深刻的记忆点，来满足年轻人快速变化的口味需求。如"蛙来哒"抓住"炭烤牛蛙"这个细分品类，把产品做到极致。"蛙来哒"取自长沙方言，意思是"蛙来了"，恰好与近年来网络流行语言"萌萌哒"相似。蛙来哒以"辣上瘾，Hi起来"为其核心理念，开创了全新炭烤牛蛙品类。蛙来哒两年来开了50家店，单店日接待顾客800人，翻台率9次，单店月收入高达150万元，并且还在不断刷新中。

椰盅佛跳墙

赏析： "佛跳墙"是福建地区的首席古典名菜，相传始于清道光年间，距今已近两百年的历史。传统制法是放在陶制瓦罐中煨制，由于原料丰富，多系山珍海味，加热时间长，其风味鲜美绝伦。这里去陶、取椰，每人一大盅，丰实味美，确有异曲同工、风味盎然的独特魅力。其味浓郁荤香，汤汁浓而鲜美，味中有味，营养丰富，并能明目养颜，活血舒筋，滋阴补身，增进食欲。

椰盅佛跳墙
\
泰州 - 刘亚军 - 制作

双味剁椒鱼头

赏析： 这是一道双色双味双料组合而成的鱼头菜品，是百姓大众十分喜爱的流行菜。此菜用菜汁面条佐助，又体现了一鱼三吃和原材料的综合利用。既是原料的组合，又有技法的变化。双味剁椒鱼头是在湖南菜的基础上改良创新而成，辣油在熬制时添加了多味香料，食之香辣带甜，保持了良好的芳香口味。

双味剁椒鱼头
\
邵万宽 - 摄

2. 美食产品要面对大众和社会的挑战

一个企业设计的菜品投放市场后，能否产生好的购买效果，在很大程度上取决于菜品设计对市场的适应程度。市场的适应程度是企业经营的关键性问题，它包括菜品的个性化需求和特色等。所谓个性化的菜品，就是根据自己的经营特色迎合不同顾客群体的餐饮需求特征，提供不同质量标准的菜品，以达到顾客满意的目的。

菜品的设计过程，表面上看是一个简单的菜品筛选、确定过程，实际上还是一个最佳菜品质量的选择过程。也就是说，确定的菜品必须是质量最佳的，顾客食用后满意，企业才能获取理想的利益回报。

（1）满足大众的菜品才有广阔的市场

顾客的满意度是靠最佳质量标准的选择实现的。为了在所设定的目标市场中迎合某一顾客群体和满足不同质量的需求，就必须使厨房菜品富于个性化。如江苏溧阳天目湖宾馆围绕水库的自身特点，开发"砂锅鱼头"品牌产品以及鱼肴系列菜品，使其形成独特的经营特色和个性，并闻名遐迩，其经营也取得了良好的效益。

10多年前，流行于国内餐饮业的"香辣蟹""大盘鸡"曾风靡全中国，接着跟进的是"剁椒鱼头""酸菜鱼"成为各大小饭店的特色菜、看家菜。这些菜品的最主要特点，就是面对大众口味，博得大众的喜爱，所以在全国各地都有广阔的市场。如今的小龙虾风暴席卷大江南北，南京、武汉、北京、深圳及各三级城市的餐厅里都有提供和叫卖，而且日渐火爆。南京的餐饮市场上近20年的"红色风暴"未见消减；武汉大街小巷上的高、中、低档餐馆及夜宵，小龙虾一直狂暴至今；北京簋街的小龙虾店外人们排着长龙等位；深圳的"松哥龙虾"连锁店年销售产值2个亿。麻辣小龙虾、馋嘴蛙和烤鱼最为年轻人喜爱。这些都是大众喜欢和参与的美食产品，在社会上已经产生了强烈的反响和震撼！

清汁牛茶

赏析： 南京牛肉菜品自古有名，它是南方清真菜品的代表。此菜取牛腩、牛腿肉、牛骨用小火慢工细熬制成牛肉茶，再以南京独有的土特产芦蒿干佐味，配以香芹、胡萝卜炮制，风味清新。特别选用陶都宜兴的小茶壶，宴客时每人一壶。取"秦淮八绝"小吃中的"酥烧饼"配餐，边食边饮，大菜小吃，将茶食融入菜肴当中，为宾客宴饮平添一缕风雅之气。此菜用芦蒿同烹，更使其香气清幽，沁人肺腑，齿颊留芳。

2016年11月30日，"二十四节气"被正式列入联合国教科文组织人类非物质文化遗产代表作名录。2018年，由世界中餐业联合会主导的"中华节气菜"概念率先在北京发布。中华节气菜是遵循春夏秋冬的时令变化规律，以"阴阳平衡""五味调和"为核心理念，敬畏天地，珍爱生命，尊重食材，以多样化的烹调技法，打造具有鲜明中国优秀传统文化特色的菜式体系。中华节气菜紧紧围绕大众日常生活，从中华民族的传统文化出发，传播中华民族悠久的大众文化特色，尊重生命节奏，遵循自然规律，根据自然界的变化、时间的变化来调整自己的行为，循时而动，以合时宜，并充分利用自然之物，利于可持续发展。研发的菜品贴近民众生活，如野菜脆卷筒（惊蛰）、香椿豆腐卷（春分）、象形红豆莲子糕（芒种）、鲍鱼扎酥肉（小暑）、虾子煮茭白（处暑）、蟹黄杂粮烧卖（秋分）、银耳雪梨盅（寒露）、红花汁扒素翅（小寒）等菜品，为大众生活增添了一份乐趣。

一份设计的美食菜品能不能得到社会的认可，关键就在于有没有面对大众阶层，是不是为大众所喜爱？这要求在选料上、技法上、口味上能符合大众的胃口。如今各地的特色面条成为大众普遍热衷的产品，如江苏镇江的锅盖面、昆山奥灶面、苏州的枫镇大面、东台的鱼汤面；陕西岐山臊子面、山西的刀削面、兰州的拉面、重庆小面等都具有较好的大众市场，这些产品的设计初衷就是选好面粉、和面加工、擀压切制各有特色，还有就是面条汤汁的勾兑配比与诀窍，许多绝活全在一碗面汤、浇头中。

美食菜品真正能够流传并被大家所接受和认可的菜品，往往是社会大众喜爱的产品。如上面所举的"松鼠鳜鱼""水晶肴肉""石锅三角峰""鱼头泡饼""炭烤牛蛙"等菜品，都是大众能够接受的，都有广大的社会市场，都有独特的配方，菜品口味都是广大民众所喜爱的。只有这样，菜品才能长久永存，影响一代人。

春潮吐珠

赏析：江苏鱼圆，冠名全国。珍珠鱼丸，更是技高一筹。合理的配方，挤
做的技巧，是鱼圆圆润鲜嫩的关键。鱼圆晶莹剔透，圆润饱满，大小均
匀，靠的是手工拿捏的技艺。设计者以贝壳配饰，造型典雅，宛如春潮吐
珠。细细品之，柔绵而不失弹性，色泽白嫩，触若凝脂，很有"玉珠浴清
流"之美。

（2）目前菜品设计的主要弊端

社会的接受、大众的喜爱是检验菜品设计成败的关键。有多少创新的菜品，由于设计问题，人们不敢问津或不屑一顾，甚或嗤之以鼻。有的菜品刚制作出来，就被扼杀在摇篮之中。其关键点就是没有抓住顾客的喜好点，许多企业的厨师们在制作菜品时一意孤行地乱摆弄，自以为是，其弊端主要就在于以下几个方面。

⊙冷热不分　将制作好的热菜放在土豆丝雀巢中，然后再摆放在凉的琼脂冻上，冷的与热的接触后，就会造成冷凝的琼脂融化，看起来很不舒服，也会使热菜温度降低。若琼脂中掺入人工色素更是大忌。还有许多炒熟的热菜，盛放在已雕刻好的凉的香瓜或哈密瓜中，也会使热菜温度降低甚至变冷，影响口感。

⊙生熟不分　将生的原料插入成熟的菜品中，给人以不卫生的嫌疑。如"菠萝虾"一菜插入生的大蒜，看了较为逼真，但生大蒜让人不敢下咽。有的生料装盘也较乱，更有甚者，暴露在盘子的外围，显得层次不高。有些热菜盘边用生的面团装饰，既不卫生，也没档次，层次显得比较低。

⊙繁琐造型　手工长时间处理，如把加热后的食物原料用手工编织起来，既费工费时，又很不卫生，让客人去吃你手工长时间抓取的食物，客人敢吃吗？如长鱼（软兜）与蒲菜相互交叉用手工编织成网；鞭笋撕成长条，用手工编成长辫子；等等，看起来很好看，有何意义？一般客人不敢食用，手工长时间乱摸的菜品，有点相关知识的人是不会食用的。

⊙胡乱造型　曾在某大赛菜品集的一本书中，看过一张菜肴照片，叫"百舸争流"：用发制的海参酿上虾蓉再插上龙虾的虾须，虾须上串起薄的面包片，呈现的是帆船的造型。菜品设计者的想法是有问题的，对原料的把握不明白、不清晰。虾须没有一点肉，又很硬，如何让人食用？海参是需要高汤烩煮的，发制后的海参，一点味道都没有，叫人难以下咽。

⊙中看不中吃　有些菜肴一切为了造型，甚至是夸张的造型，哗众取宠，故弄玄虚，把菜肴装饰得花枝招展，而菜肴的口味，则味同嚼蜡，让人不敢食用。如雕刻一棵大树，把做成的菜肴挂在树枝上；或雕刻摆放一个假山，把菜肴放在假山上；也有搬一个鱼缸，把菜肴摆放在鱼缸中；等等。菜肴是用来食用的，它不是盆景文化，也不是雕塑文化，它是以食用为主的，只追求造型是菜肴制作的败笔。

⊙热菜当凉菜制　近年来，许多年轻人制作热菜时用冰凉的大的石块来装菜肴，菜肴上桌时如同凉菜一般。还有的热菜装在大的冷菜盘中，将热菜当冷菜摆放。在现代厨房管理学中，菜肴提供食用温度规定：热菜的食用温度是70℃，热饭的温度是65℃，热汤的温度是80℃，砂锅菜的温度是100℃等，这是国际标准。在宴会接待中，低于这个温度，接待质量就下降。菜肴温度过低，说明这个厨师长、餐饮部经理的管理水平有问题。

（三）美食设计各元素之间的影响

美食设计是一门综合性技术，设计者必须具有烹饪技术的基本功力，并且具有一定的文化知识。菜点制作技术、烹饪方法、调味手段等是整体的一部分，每个制作元素与菜品特色显现元素之间相互影响，而研究的目的在于谙熟这些相互作用和相互关系。

当评价设计某一道美食菜品，我们应该让五官和大脑综合地运用，让自己充满好奇感，产生设计创新的欲望。

作为设计的美食，一般是运用五官来评定及测试菜品的设计效果：概括地讲，主要是从味觉、视觉、嗅觉、触觉、听觉以及温度、营养、刺激诸方面来评定。

1. 美食的第一层面：安全、营养、温度

美食的第一要素是安全卫生与营养。没有安全（食材、调味品）的菜品，一切的美味都是无价值、无意义的。现代"文明病"的大量增多的最重要的原因就是"偏食"，就是不注重食物的营养平衡，科学的择食标准体系应该是每个人应讲究营养均衡，树立科学的饮食观。而对于菜品的品质而言，饭菜不热，汤菜不烫，就无质量可言，甚至还有腥膻异味的产生。因此，对于个人的饮食来讲，安全、营养、温度是美食的基本属性，也是美食的核心要素。

（1）安全卫生

菜品的基本要求就是安全，设计创新的菜品不安全，就失去了它本身的价值，设计显得毫无意义。菜品设计更应该担负起为广大顾客健康服务的义务和责任。菜品在设计过程中，违背《食品安全法》的规定，生产和经营不符合卫生条件，有的乱用防腐剂、色素、甜味剂等食品添加剂，甚至用化学毒物来"美化"食品。这将违背菜品设计的本意，而且也会对消费者造成身体上的伤害。

菜品安全卫生首先是加工菜肴等食品原料是否有毒素，如河豚鱼、有毒蘑菇等；其次是指食品原料在采购加工等环节中是否遭受有毒、有害物质的污染，如化学有毒品和有害品的污染等；再次是食品原料本身是否由于有害细菌的大量繁殖，带来食物的变质等状况。另外，设备、工具和厨房环境卫生等，这些方面无论是哪个方面出现了问题，均会影响产品本身的卫生质量的高低。

（2）菜品营养

菜品的营养是自身质量不可忽视的重要内容。每一种原料的使用如何去搭配运用它们的成分在菜品的制作中不可忽视。现代科学技术的进步与发达，使得人们越来越将食品营养作为自己膳食的需求目标。鉴别菜品是否具有营养价值，主要看三个方面：一是食品原料是否含有人体所需的营养成分；二是这些营养成分本身的数量达到怎样的水平；三是烹饪加工过程中是否由于加工方法不科学，致使食品原有的营养成分遭到了不同程度的破坏。菜点制作中的质量评价，要做到食物原料之间的搭配合理，菜点的营养构成比例合理，在配制、成菜过程中符合营养原则。

（3）菜品温度

菜品温度与味觉、嗅觉、触觉是不可分割的，热菜不热、汤菜不烫，再好的设计，它的味觉、嗅觉、触觉都达不到最佳效果，相反还会影响菜品的质量和应有的口感。

菜品设计要保持应有的温度。温度是体现食品风味的最主要因素。菜品的温度是指菜肴在进食时能够达到或保持的温度。同一种菜肴、点心等食品，食用时的温度不同，口感、香气、滋味等质量指标均有明显差异。所谓"一热胜三鲜"，说的就是这个道理。如"红烧大鲍"，热吃时鲍鱼软糯，鲜美腴肥，汤味浓香，冷后食之，口感挺硬，如同板筋一般。"蟹黄汤包"热吃时汤鲜汁香，滋润可口，冷后而食，则腥而腻口，外形瘪塌，色泽暗次，汤汁尽失。"拔丝苹果"冷食则无丝可拔，干硬成糖块；"虾仁锅巴"冷食则无声可听，软而失去脆感。菜品无温度则无质量、无特色可言，因此，温度是菜品设计质量的基本因素。虽然过去人们未单独列项，今天人们在评价菜品设计品质时温度已经成为一个不可或缺的指标。这是人们生活水平提高和评价体系完善的重要体现。

各类菜肴食品出品温度规定

食品名称	提供食用温度	食品名称	提供食用温度
冷菜	10℃	热菜	70℃
热汤	80℃	热饭	65℃
砂锅	100℃	啤酒	6～8℃
冷咖啡	6℃	果汁	10℃
西瓜	8℃	热茶	65℃
热牛奶	63℃	热咖啡	70℃

2. 美食的第二层面：
味觉、嗅觉、触觉

从餐饮经营的角度来看，味觉是决定餐饮经营的基础，菜品只有"好吃"才会有市场。不同地区客人其餐饮消费的共同点是一致的，往往是冲着菜品的口味而去消费的。只有菜品的味道好、味道特别，才会有源源不断的客源。反之，是很难把餐厅经营下去的。味觉、嗅觉、触觉三者，不同地区的客人有不同的喜好，不能一概而论。从美食设计来讲，无论是美学还是生理学、心理学的研究，味觉、嗅觉、触觉感受的对象往往是通过直接的生理反应，更多的是体现人们的感性认识。美食在很大程度上是一种主观的生理和心理感受，或者说是主观感受和客观美味统一的结果。因此，要获得美味的最有效途径，还是应该从自身的饮食方式中来寻找。

（1）味觉美感

设计后的美食只有味道好，即好吃才能有市场。一切不好吃的菜品设计得再巧妙，也是毫无价值和意义的。味感是指菜点所显示的滋味，包括菜点原料味、芡汁味、佐汁味等，是评判菜点最重要的一项。味道的好坏，是人们评价创新菜点的最重要的标准。因此，好吃也就自然成为消费者对厨师烹调技艺的最高评价。

设计热菜的味，要求调味适当、口味纯正、主味突出，无邪味、糊味和腥膻味，不能过分口咸、口轻，也不能过量使用味精以致失去原料的本质原味。设计面点的味，要求调味适当，口味鲜美，符合成品本身应具有的咸、甜、鲜、香等口味特点，不能过分口重、口轻而影响特色。

（2）嗅觉美感

香气是指菜点所显示的火候运用与锅气香味，是美食设计不可忽视的一个项目。嗅觉的产生通过两条途径：一是从鼻孔进入鼻腔，然后借气体弥散的作用，到达嗅觉的感觉器官；二是通过食物进入口腔，在吞咽食物的时候，由咽喉部位进入鼻腔，到达嗅觉的感觉器。

美好的香气，可产生巨大的诱惑力，有诗形容福建名菜"佛跳墙"："坛启荤香飘四邻，佛闻弃禅跳墙来。"设计创新菜点对香气的要求不能忽视，嗅觉所感受的气味，会影响人们的饮食心理，影响人们的食欲，因此，嗅闻香气是辨别食物、认识食物的又一主观条件。

（3）触觉美感

触觉美感是指菜品所显示的质地，包括菜点的成熟度、爽滑度、脆嫩度、酥软度等。它是菜点进入口腔中牙齿、舌面、颚等部位接触之后引起的口感，如软或硬、老或嫩、酥或脆、滑或润、松或糯、绵或黏、柔或韧等。

菜点进入口腔中产生物理的、温度的刺激所引起的口腔感觉，是创新菜品要推敲的一项。尽管各地区人们对菜品的评判有异，但总体要求是利牙齿、适口腔、生美感、符心理、诱食欲、达标准，使人们在咀嚼品尝时，产生可口舒适之感。不同的菜点产生不同的质感，要求火候掌握得当，每一菜点都要符合各自应具有的质地特点。除特殊情况外，蔬菜一般要求爽口无生味；鱼、肉类要求断生，无邪味，不能由于火候失饪，造成过火或欠火。面点使用火候适宜，符合应有的质地特点。

创造"触觉之美"需要从食品原料、加工、熟制等全过程中精心安排，合理操作，并要具备一定的制作技艺，才能达到预期的目的和要求。

3. 美食的第三层面：
视觉、听觉、刺激

人们对视觉、听觉的感受范围较为广泛，是审美感受的两种主要官能。美学原理告诉我们：审美客体必须具有生动形象性，具有审美属性，体现在形象的形式上，能为人的审美感官所感知。它占有一定的时间和空间，具有形状、颜色、音响、质地等自然属性，直接作用于人的听觉、视觉等感官，引起人的审美活动。菜点的色与形是通过视觉来感受的。

（1）色的美感

菜点的色彩之美，往往是人们欣赏菜点美的第一感觉，它首先给人以强烈的印象，赏心悦目，先入为主。菜点色彩的丰富与否，体现了烹饪师的想象力，所以对色彩美的规律的掌握，对提高烹饪师的技术，进而对提高菜点的审美价值是十分重要的。

⊙发挥本色　烹饪中菜点色彩美的最大特点就是要最大限度地发挥、调动食品原料的固有色彩的美。这是因为，一方面是食品原料的固有颜色本来就很美，无须过多地进行人工装饰色泽的加工；另一方面是出于人们正常的对食品卫生的饮食心理，凡人工的色泽都会给人以不卫生的感觉，以致降低食欲。

⊙重在组合　烹饪的组配工艺是菜点色彩美感的一个重要方面，所谓"没有不美的色彩，只有不美的组合"就是这个道理，菜点色彩尤其如此。食品原料的色彩本身就很美，通过调配，把它们置于适当的位置、场合，就会获得赏心悦目的审美情趣。但如果处理不当，就会失去美感。烹饪师应在实践中注意培养对色彩的敏感性和组合能力，运用掌握的色彩规律和美学规律，使食物原料原有的色彩得以充分利用，创造出丰富多彩的菜点来。

（2）形的美感

所谓形的美感，即菜点造型引起的审美感受。烹饪讲究造型由来已久，如刀工方面，要求厚薄均匀、大小一致；造型要求规范整齐等，以利于成熟、刺激食欲。而今，人们在饮食上精神的享受已大大超过物欲的满足，更加讲究菜点的形式表现、造型精美，以陶冶情操，获得美的享受，因此，菜点造型的意义更加突出。

菜点造型美的获得，必须以坚实的刀工、火工和构思技巧为前提，注意充分利用烹饪原料的特点。具体的、局部的造型应服从于整体的造型；整体的造型要服从于宴席的主题。同时，造型的美感，始终不能与食用性原则相脱离，要努力做到既形象生动、妙趣横生，又简洁明了，留有供人想象的余地，时刻注意因材制宜、因时制宜、因人制宜，切不可矫揉造作、差强人意，更要符合卫生要求。

（3）器的美感

饮食器具首要的是能盛装食物，造型、色彩与表面装饰又要符合美学原则，所以饮食器具的造型总是实用性与审美性的结合。

饮食当然离不开器具，饮食器具在宴饮活动中具有不可或缺的实用价值。其在审美过程中，也具有不可忽视的审美价值。虽然它主要是辅佐菜点的美，与菜点相配合，在一定的时间、场合产生美感，但它不像菜点美那样一经食用就消失，所以它自身还具有独立的审美意义。饮食美学中关于器具造型的研究是值得重视的，对烹饪师来说，在饮食生产活动中如何将美学原则和丰富的器具造型艺术知识运用于对饮食器具的选择和使用，也许更为重要。

无论是用金银铜铝、竹木陶瓷，还是用玛瑙玉石、塑料玻璃做成的；无论是古色古香、高贵典雅，还是新颖别致、轻便灵巧风格的；无论刀叉杯壶，还是碗盘碟匙，在选用时都应与具体饮食活动的环境气氛、具体的菜点造型等格调一致，巧妙配套组合，以求达到完美的境界。

（4）声的美感

声的美感在美食设计中不占主导地位，主要是起衬托作用，达到先声夺人的目的。有些菜在运用火工方面独树一帜，需要体现烹调的功夫。如"天下第一菜"，此菜的命名较为霸气，原因有二：一是与众不同的以"声"夺人，二是利用锅巴当菜吃。此菜实则是"虾仁锅巴"，当锅巴二次重油后，炸后嫩黄的锅巴，浇上淡红的番茄汤汁，滚烫的锅巴遇到滚烫的浓汁，就会呈现"吱吱"的音律之美，这是此菜成功的标志所在。反之，菜品没有声音，成功率就大打折扣。炸酥浇汁的锅巴，又香又酥，又鲜又美，使人大快朵颐。制作此菜的锅巴要求薄而均匀，不焦不枯，经晾干后用热油锅经二次重油使其迅速炸酥，若油温低，锅巴炸不脆，反而吸收油分，就没有声的美感效果，口感也就面目全非。此类菜诸如"松鼠鳜鱼""珊瑚鱼"等都是同样的体现。

（5）刺激美感

菜品的刺激性，是菜品设计成功的前提。所谓刺激美感，主要包括味觉刺激美感和视觉刺激美感。味觉刺激，主要是指口味的诱惑力。不同的人群刺激美感是不同的，但它有一定的共性。"红烧肉"是许多男士的最爱，当它的色、味和触觉三者完美结合，就会给人欲罢不能的感觉。"佛跳墙"的多味结合，加之用高汤蒸炖，不同美味的相互融合，浑然一体，使其口味美不胜收。西南地区的人喜爱吃麻辣、酸辣味，当餐厅呈现"剁椒鱼头""老妈兔头""夫妻肺片""酸汤鱼"等菜肴时，就会有一种特别的刺激美感。而今的小龙虾菜品风靡半个中国，不仅正餐和宴席上用，夜宵市场吃小龙虾更是火爆，"十三香小龙虾""麻辣小龙虾""红烧小龙虾""清水小龙虾"，特别吸引大多数年轻人。

重酸、重辣、重麻的菜品，因为强烈地刺激人的味觉器官，所以常常能够成为非常流行的东西。麻辣火锅、香辣小龙虾、酸菜鱼、撸串串能起于一隅而迅速蔓延全国，都是因为它刺激过瘾。重味菜品让人觉得脾胃大开的并不是火锅里的肥牛、羊肉片，也不是龙虾肉、草鱼片和各式串串，而是大量的辣椒、香料与油脂，它制造的效果刺激大于感应，使我们的味觉神经捕捉到的感受其实是"很特别""很刺激"而已。一些重味的刺激从某种意义上说谈不上真正的美感。

视觉刺激美感，主要体现在菜品的造型上。当一种新的菜品款式出现，就会带给人一种视觉的冲击力，形成视觉上的刺激满足。美食的刺激美感与其他艺术门类的不同点就是，它是提供给人食用的，这就强调了安全卫生，不能随心所欲，不能长时间手工处理，以保持食物原料的安全、卫生、可口、营养。

一盘好的菜品取决于大厨的设计功力。构思独特的菜品定会给人耳目一新之感，但这是需要花费许多心智的，只有不断追求、探寻的人才会源源不断地涌现出视觉刺激美感的菜品来。

三、美食菜品设计
的程序

　　真正进入菜点设计与创新的程序，许多厨师就会"犯愁"。这对于广大厨师来说是一个比较艰难的事情。说到底，从古到今不少厨师压根儿就没有考虑过"创新"二字，更谈不到"设计"之事。通常讲，厨师把菜做好就行了，哪有这么多事要做呢？但事实上，几千年的中国菜点，一直都是在变化发展的。要做一个普通厨师容易，而做一名烹饪大师就很不容易。纵观古今烹饪之事，大凡厨师肯钻研，就自然能生发出新的肴馔来；肯钻研，善琢磨，勤练内功的人，就一定能锻炼成大师级的人物。封建帝王食前方丈，以求珍馐异宴、龙肝凤髓，御厨们挖空心思，绞尽脑汁，创出新款式，渐而就会成为名厨；当今烹饪比武、厨师竞级，人们冥思苦想设计几个新菜式，或许就是金牌得主；饭店林立、商业竞争，顾客抱怨菜点老一套，厨师们想尽办法琢磨些新花样，以招徕顾客，定然会给企业带来经济效益。这些是压力起动力和对技艺钻研的结果。当今社会，不管你接受不接受，愿意不愿意，社会发展、餐饮竞争是不可避免的。一个餐厅长期没有设计创新菜品，就会被市场所淘汰，所以有没有新菜品，它既使许多餐厅获得高额利润，也会使一些餐厅关门转让。正是在这样一个社会大背景下，许多烹饪大厨成为时代的弄潮儿，敢于面对市场努力拼搏，不断设计出新的菜品，成为行业知名的美食设计大师。

　　新菜品的开发程序包括从新菜品的构思创意到投放市场所经历的全过程。这样的过程一般可分为三大阶段，即：酝酿与构思、选择与设计、试制与完善。在具体制作中又有若干方面需要慎重考虑，某一个方面考虑不周全，都会带来菜品的质量问题。所以，每个环节都不能忽视。

（一）酝酿与构思

新菜点设计过程是从寻求创意的酝酿开始的。所谓创意，就是开发新菜品的构想。虽然并不是所有的酝酿中的设想或创意都可变成新的菜品，寻求尽可能多的构想与创意却可为开发新菜品提供较多的机会。所以，所有新菜品的产生都是通过酝酿与构想创意而开始的。新创意的主要来源来自于广大顾客需求欲望和烹饪技术的不断积累。

（二）选择与设计

选择与设计就是对第一阶段形成的构思和设想进行筛选、优化构思，理清设计思路。在选择与设计创新菜点时，首先考虑的是选择什么样的突破口。如：

· 原料要求如何？

· 准备调制什么味型？

· 使用什么烹调方法？

· 运用什么面团品种？

· 配制何种馅心？

· 造型的风格特色怎样？

· 器具、装盘有哪些要求？等等。

对于所选品种，其原料不得是国家明文规定受保护的动物，如熊掌、果子狸、娃娃鱼等，也不得是有毒的原料，如河豚鱼。可以是动物性原料，也可以用植物性原料作为主料。烹制方法尽量不要使用营养损失过多或对人体有害的方法，如老油重炸、烟熏等。

五色瑶柱
\
张荣春－摄

五色瑶柱

赏析：瑶柱，又称江瑶柱、江珧、扇贝柱，通称干贝；是扇贝的闭壳肌风干而成。瑶柱是大海赐予人类的美食珍品，许多高档菜品都少不了它的搭配。此菜取五种植物原料胡萝卜、冬瓜、芋头、紫薯、南瓜，用圆形模具刻成相同大小形状，上笼蒸熟烩后嵌入蒸酥的瑶柱，浇上鲜咸味的琉璃芡汁。整个菜肴的取料设计较好，运用不同的原料、不同的颜色进行有机的组合，让人感受到一种浓重的美、和谐的美、丰富的美。

选择品种和制作工艺以符合现代人的审美观念和进食要求
的，使人们乐于享用的菜品。

为了便于资料归档，创制者应为企业提供详细的创新菜点
备案资料，准确全面地填写创新的品种资料入档表，以便于修
改和完善。

（三）试制与完善

新菜品构思一旦通过筛选，接下来的一项工作就是要进行菜
品的试制。在选择与设计的过程中，实际上就对菜品的色、香、
味、形、器、质、名等进行全方位的考虑，以期达到完美的效果。

1. 菜点名称

菜点名称，就如同一个人名、一个企业的名称一样，同样
具有很重要的作用，其名称是否合理、贴切、名实相符，是给
人留下的第一印象。我们在为创新菜点取名时，不要认为是一
件简单的事情，要起出一个既能反映菜品特点，又能具有某种
意义的菜名，才算是比较成功的。创新菜点命名的总体要求是：
名实相符、便于记忆、启发联想、促进传播。

2. 营养卫生

创新菜点要做到食物原料之间的搭配合理，菜点的营养构
成比例要合理，在配制、成菜过程中符合营养原则。在加工和
成菜中始终要保持清洁程度，包括原料处理是否干净，盛菜器
皿、菜点是否卫生等。

3. 整体效果

菜品在构思中，设计菜品的整体框架，协调菜品中色、
香、味、形、器之间的相互搭配。主料、配料、调料通过烹调

显示出来的色泽，以及主料、配料、调料、汤汁等相互之间的配伍相得益彰。根据所利用的食材、组配、口味来确定造型，选用合适的盛器，使其色泽美观，口味纯正，外形优美，器具搭配适宜。在造型装饰上，尽量要做到可以食用（如黄瓜、萝卜、香菜、生菜等），特殊装饰品要与菜品协调一致，并符合卫生要求，装饰时生、熟要分开，其汤汁不能影响主菜。

4. 把握分量

菜点制成后，看一看菜点原料构成的数量，包括菜点主配料的搭配比例与数量，料头与芡汁的多寡等。原料过多，整个盘面臃肿、不清爽；原料不足，或个数较少，整个盘面干瘪，有欺骗顾客之嫌。

5. 盘饰包装

创新菜研制以后需要适当的盘饰美化，这种包装美化不是一般的商品去精心美化和保护产品。菜品的包装盘饰最终目的在于方便消费者，引起人们的注意，诱人食欲，从而尽快使菜点实现其价值——进入消费者的品评中。所以，需要对创新菜点进行必要的、简单明了的、恰如其分的装饰。要求寓意内容优美健康，盘饰与造型协调，富有美感，反对过分装饰、以副压主、本末倒置，体现食用价值。

6. 市场试销

新菜品研制以后，就需要投入市场及时了解客人的反应。市场试销就是指将开发出的新菜品投入某个餐厅进行销售，以观察菜品的市场反应，通过餐厅的试销得到反馈信息，供制作者参考、分析和不断完善。赞扬固然可以增强管理者与制作者的信心，批评更能帮助制作者克服缺点。对就餐顾客的评价素材需进行收集整理，好的意见可加以保留，不好的方面再加以修改，以期达到更加完美的效果。

缠丝熏鱼
\
邵万宽 – 摄

缠丝熏鱼

赏析： 苏式熏鱼是江苏地区代表性的菜肴，因其口感酥香甜净爽口，得到江苏各地特别是儿童的喜爱。熏鱼做好的关键，一是油炸的温度和时间的把握，使其炸至酥香且脆，不能炸老炸黑；二是调味汁的配兑，糖醋味的甜酸度要适宜，使其甜而不腻，甜而不齁，酸味自然，才是上品。设计者利用熬糖拔丝之功夫，用糖丝缠绕，银光闪闪，烘托气氛，增加了传统菜的亮点。

（四）推广与存档

1. 菜品标准的制定

（1）制订标准化食谱

新菜品试制成功以后，就应着手把具体的标准确定下来，以保证该菜品制作的规范性。标准化食谱将原料的选择、加工、配伍、烹调及其成品特点有机地集中在一起，可以更好地帮助统一生产标准，保证菜品质量的稳定性。

标准食谱一经确定，必须严格执行。在使用过程中，要维持其严肃性和权威性，减少随意投放和乱改程序而导致厨房出品质量的不一致、不稳定，使标准食谱在规范厨房出品质量方面发挥应有作用。

将研制认定的新菜品制成标准食谱后，纳入餐厅的菜单之中，供客人点菜使用。该菜品的制作将按厨房生产流程和正常工作岗位分工，逐渐淡化"新"意，融入日常程序化运作。

（2）菜品成本的控制

掌握净料率和折损率。创新菜点的成本确定，必须要掌握净料率和折损率：净料率＋折损率＝100％。这一方面可用于成本核算，另一方面也可制订制度，监督员工的工作，以保证质量和避免不必要的浪费。

菜品成本的计算。计算成本时，应注意以下两个问题：第一，创新菜点中所有原料的用量都折合成毛料用量，并与单价单位保持一致。第二，特殊调料和高档调料可按大批量计算每一份成本。对于普通调料如用量太少，可按一定时期中消耗掉的调料成本占所有其他原料成本的百分比计算（这样虽不太精确，但比较简便）。

一款新菜的推出，经营者要关心它的制作时间、原料取舍，以及出售后客人的感觉。成本投入过大，价格提得较高，客人的接受程度就受到影响，或者此菜产生的利润就薄，这是得不偿失的。在新菜品的制作和认证时，要尽量考虑到菜点实际成本的投入，同时，又要想法增加客人的感觉成本，提倡"粗粮细作"，并努力做好下脚料的综合利用。

2. 新菜品管理与资料保护

了解市场，迎合顾客，满足需求，实际上更是为了自己，丰富自身的形象。因此，企业从内部入手，锻炼内功，是企业和厨师们的关键。

（1）加强新菜点制作的质量管理

新菜品经过认证、核算之后开始投入市场，如何保证新菜品的持续稳定，这是内部管理的问题。创新菜品的后续管理也十分重要。它需要厨房各管理人员严格把关，以保质保量地菜品奉献给顾客。但在经营过程中若发现客人有改进的需求，意见也很独到，须经过大家商量后再作适当的调整，以满足市场为第一需求。

在创新菜品的后续管理中，要针对餐饮企业创新研制出来的菜品，采取切实有效的方法措施，以维持、巩固乃至提高新菜品的质量水平、经营效果和市场影响，其主要的目的是让新创菜品在餐饮企业的有效管理中延长生命、大放光彩。另外，若新菜长期为消费者认可和推崇，不仅为企业带来良好的经济效益，而且也是对创新人员的激励和褒奖。

（2）做好新菜点资料的保护工作

创新菜品的推出，确实能吸引众多消费者，产生强烈的反响，但一个成功的创新菜品的产生，的确是来之不易的，它往往倾注着厨房许多工作人员的心血和汗水。明白其中的道理，自然就要做好新产品的保护工作，特别是其中的配方和制作关键，更要内部把握，将了解范围缩小到最小点，以树立自己的拳头产品，营造企业的品牌形象。特别是企业的品牌菜品更要像可口可乐的配方一样，需"锁进""保险箱"，要有品牌保护意识。对于同行的模仿也就不需要去多担心了，即便是形似，也只是"东施效颦"，无关大碍。

（3）做好创新菜品的信息管理和档案工作

厨房工作人员要主动收集各方面的信息、情报以及美食资料，为菜点开发提供和创造条件。包括有价值的历史资料，如民间食谱、名人食事、历史传记等；餐饮发展与烹饪界的最新动态；同行饭店、餐馆的菜点制作情况；饭店已推出菜点的销售情况，客人对创新菜点的评价等，以完善自我，随时出击，创造更好的佳绩。

对于本企业所创新的菜品也要随着创新菜的不断增多做好自己的档案管理工作。将每月、每次所创新的菜品都要进行资料的存档，其中包括考察的资料、宣传的文案、技术的数据、经营的情况、广告的投入等，以便于日后的菜品开发、活动打造、销售策划之需。

红烧鲜鲍

赏析：在我国，鲜鲍大量进入人们的餐桌也就是近十多年的事情。传统的干鲍需要经过发制后食用，泡发技巧决定了菜品的口感质量。鲜鲍口感鲜美，营养丰富，多用油泡、清蒸、烹炒之法以体现其原汁原味、鲜甜香滑之妙。此品采用红烧之法，在鲜鲍表面剞上花刀，使外形更加美观，但在烹制时必须把握好时间和火候，以免影响鲍鱼本身的口感和味道。

红烧鲜鲍
\
扬州－杨耀茗－制作

芝士烙白玉

赏析： 芝士是奶酪（cheese）的音译名，是一种发酵的奶制品。近似固体食物，营养价值丰富，其性质与酸牛奶相似。奶酪是我国西北蒙古族、哈萨克族等游牧民族的传统食物。奶酪在国内大行其道，是因为地域之间交流频繁和西餐在我国的日趋流行。在豆腐中嵌入虾饼，用煎锅烹制入味后，装入各客位上的深底小盘，再加入芝士一层入烤箱中烤烙至烫，其口感香味浓郁，热烫的芝士半固半液状态让人垂涎欲滴。

芝士烙白玉
\
张荣春－摄

四、积极投身到
菜品设计中去

烹调师、面点师的工作职责是提供美味的食品为广大宾客服务。其工作任务也并不局限于重复前人的劳动，创制、设计菜品是我们工作的努力方向和制高点。为了不断超越前人，必须积极投身到菜品设计和创制中去，为餐饮行业多作贡献，为自己的烹饪技艺多加筹码，这是一条从业的必由之路。起初，我们可以先从学习模仿别人、描摹自然入手，继而发挥联想，甚或逆向思维，真正让我们制作、设计菜品的行动活跃起来、落到实处。

（一）从模仿中获得设计灵感

中国菜点的世袭传承莫不是从徒弟模仿师傅而开始的；世界上的烹饪教育莫不是从学生模仿学习老师已有的经验而开始的；餐饮界惯用"走出去、请进来"的方式培养厨师力量，让厨师开眼界，也都是找机会让厨师们模仿学习。这其中，有会模仿和不会模仿之别，这就要求广大厨师们学会模仿。其实，模仿本身并不能创造新的菜点，重复别人的只是学习，但模仿常常是创造的起点。人们在实际进行模仿的活动中，一部分人是全面继承下来，而一部分人在继承模仿已有的菜点中，或多或少会有局部的、细节上的讹错，有的还会作相应的改进、变动和突破，而这部分人的突破就具有一定的创造性，立志创新的人，往往总是想着新的品种的出现。

学习中的"仿造"，前者在于会模仿，后者在于去创造。"仿造"的关键就在于一个"造"字。模仿不"造"非新也。

应该说，中国菜点的层出不穷，实际上就是历代厨师在继承、模仿前辈师傅的基础上而进行改良和突破的。许多菜点是在模仿中而蘖生出不同品种的，如中国面点中之"花卷"制作，本来一个较普通的花卷，在点心师傅的模仿和琢磨之下，而派生出正卷、反卷与正反卷系列，从而形成了友谊卷、蝴蝶卷、菊花卷、枕形卷、如意卷、猪爪卷、双馅卷、四喜卷等。就像四川菜鱼香肉丝的"鱼香味型"，后人在模仿制作中又派生出鱼香腰花、鱼香排骨、鱼香肚丝、鱼香鸡丝、鱼香大虾、鱼香茄子、鱼香花仁、鱼香菜心等。

中国菜点的发明创新，莫不是站在先人建立的知识和经验之上的，可以说，难得有真正意义上的"无中生有"者。因此，希望成为一个有能力的菜点创新者，应当学会模仿前辈的思考过程。

南京马祥兴清真菜馆的四大名菜之一的"蛋烧卖"，系以虾肉作馅，用鸡蛋皮包成烧卖状。此菜的创意即是模仿传统点心"烧卖"的制作方式，此不用面皮改蛋皮，将虾仁斩成米粒状包入其中。此菜是在炒菜的铁手勺中，用汤匙舀蛋液一匙，手持勺柄晃转，摊成直径8厘米的圆蛋皮，随即在蛋皮中间放入虾粒馅，再用筷子贴着馅心稍上处夹成烧卖形，随后在蛋皮合口处放上虾蓉，缀上红椒末，青菜末，上笼蒸熟浇汁。此菜鲜嫩味美，造型别致，营养丰富，这正是模仿改良的结果。若再将小型"蛋烧卖"模仿改大，用炒菜锅摊成大蛋皮，用圆形模压成圆皮，包上虾仁馅，用葱丝扎口，又可创制出新品"石榴虾"菜肴。

模仿现有的东西，可以节省时间，减少工作量。聪明的模仿者，在模仿对象的基础上，弄懂所要模仿的对象，发挥要模仿对象的长处，避开其短处。实际上，创造过程是由两部分组成的，一是创新部分；二是继承部分。通过模仿可以获得继承部分，使创造者得以将精力集中于创新部分，所以

白菜烧卖

赏析：这是一款菜肴借鉴点心"烧卖"之形而创制的菜品。此菜的独特之处在于取娃娃菜之叶，包三鲜肉馅，经巧妙加工后就是一个特色鲜明的白菜烧卖。用高汤烫制的娃娃菜，口味鲜美酥嫩，包入馅心上笼蒸制，既保持了外形的完整，又体现了内馅与外菜搭配的清爽、滑嫩的口感风格，因其清淡少油、营养丰富的特点，可让人百食不厌。

象形香菇
\
邵万宽 – 摄

象形香菇

赏析： 米粉面团制作造型自明代已较流行，最典型的是江南船点，利用糯米粉与大米粉的镶粉配制，和面时采用煮芡的方式，让一块米粉面团有生有熟地结合，这样包馅后粉团就可以任由制作者捏制塑形。以香菇为元素模仿制作成形确有许多创举之处，在以往的动植物造型中还未有出现。它利用可可粉与白色两粉团完美的组配，外形设计巧妙，手工干净利落，看似简单普通，却蕴藏着深厚的技术功底。

模仿起到了创新的基础与保证的作用。

模仿出新，是许多厨师创制菜点的一条捷径之路。广东名点"虾饺"的制作，取用澄面作皮，即是模仿北方地区的"月牙饺"制作而成的，但广东点心师在模仿中作了许多改良。皮取澄面，色白而透明；馅用虾仁，质高而味鲜；形美而纤巧，不用擀皮用压皮，这不能不说是在模仿中的再创造。而今广东"虾饺"玲珑剔透，人见人爱，并风靡海内外。

"富贵鸡"是流行于香港食肆餐厅的代表菜馔。究其制作，正是模仿江浙的"叫化鸡"而改变成肴的。将嫩母鸡腌渍后，加配料、调料、用猪网油紧包鸡身，外用两张鲜荷叶包裹，再用玻璃纸包裹，外面再裹两张荷叶，用细麻绳捆扎。"叫化鸡"在外层涂上酒坛泥，而"富贵鸡"改良用面粉团涂抹包裹，也同样放入烤箱烤熟。其制作工序都是一样的，唯一不同的是泥土与面粉，泥有泥香味，面有面香味，风味略有差异，但成熟后泥土敲打时较脏，会损坏餐厅环境，而面粉则无过多担忧，面粉本身就是食用品。这都是模仿走捷径而成新的佳作。

流行于欧美及东南亚地区中餐馆的"冰镇苹果"来源于传统菜"拔丝苹果"，其制作工艺与传统工艺基本相似，只是在熬糖以后，倒入挂糊的苹果块，颠翻后不直接装盘拉丝，而是取一大的冰块水盆，分别将裹入糖汁的苹果块用手勺揸入冰块水中，使其立即冷却凝固，成包裹苹果的糖块。上桌食用，糖块冰镇，苹果嫩滑，裹糖脆爽，别有一番风味。

模仿不仅是创新的起点，也是诱发创造的钥匙。但值得提出的是，模仿虽说简单，运用也方便，但也有弊端：一是不能取得技术上的重大突破；二是容易造成机械模仿，照搬照套，导致保守，而不是以模仿为入口产生更大的创新；三是简单模仿有时"画虎不成反类犬"，甚至出现失误。这应该是我们广大厨师特别需要重视的几个方面。

（二）在描摹中创造新菜品

广大厨师们一定见过在烹饪比武的展台上，那美轮美奂的艺术菜点，那些冷菜就像大自然中的生物：熊猫戏竹、猫咪扑蝶、喜鹊登梅、翠竹报春，那热菜开屏鸽蛋、松鼠鳜鱼、八宝瓜盅、母子大会，配之那栩栩如生的雕刻花卉；还有那一款款美味点心：什锦船点、荷花莲藕酥、雪花龙须面、椰蓉南瓜脯等，其美食、美味、美妙，描摹自然，而高于自然，真让人赏心悦目，不忍动箸。

描摹自然，以自然界的万事万物为对象之源，直接从客观世界中汲取营养，获取菜点的创作灵感。当然，描摹自然并不局限于单纯地模仿自然界的生物，而应发挥自己的想象力，适当加以夸张，可从对生物结构、形态或功能特征的观察中，悟出超越生物的技术创意。国画大师齐白石为了画虾，以虾为师，每天静观缸中虾之形态，进行写生，但是白石老人画卷上的虾，虾节脱开，似虾非虾，浑身透出不似自然、胜似自然的艺术创作神韵。当今烹坛，运用描摹自然之法创制菜点比比皆是，工艺拼盘描摹自然，诸如孔雀开屏、金鸡报晓、雄鹰展翅、金鱼戏水、百花争艳、迎宾花篮等；热菜如鸟鹊归巢、鸳鸯戏水、菊花青鱼、知了白菜、蛟龙献珍等；点心如硕果粉点、朝霞映玉鹅、绿菌白兔饺、像生白玫瑰等。

采用描摹自然一法，主要借用生物之原形制作成多姿多彩的菜点。传统的中国菜在描摹自然中比较强调逼真，要求形象生动，江南烹饪技艺更为明显，实际上过于逼真和入微，势必要花费很多的手工时间，而从食用价值来说，必然会大打折扣。我们要求广大烹饪工作者要向齐白石老人画虾那样，"不似自然，胜似自然"的艺术创作神韵。食物毕竟是人们食用之品，要以最快的速度达到形象

什锦小葫芦

赏析：聪明的面点师常常喜欢描摹物品、琢磨一些技法来创设产品。这是一款以土豆泥为原料制作的点心。土豆营养丰富，粮菜兼用，老少咸宜，功能齐全，颇受国内外人们的青睐。将普通的土豆经过精心加工和掺粉配制，加之什锦荤素馅心的组合，将"杂粮面团"制成了口味多变的"小葫芦"。观其成品，小小葫芦色泽金黄，造型独特，食之酥脆味丰，已绝非普通土豆之口感。

灵芝酥
\
邵万宽－摄

灵芝酥

赏析： 灵芝是一种天然的药食兼具的菌类。面点设计师以此为样本进行大胆的描摹设计，利用可可粉与面粉两者组配结合，使双色巧妙地搭配，宛如枝干上活灵活现的灵芝。本品以圆酥为制作元素，两层相合，正酷似天然灵芝的造型，从外形和色泽上下功夫，可可色的酥层制作清晰，盘中装饰一个枯老的树干，使其达到天然而完美的艺术效果。

化，起到食用和审美的双重效果。

天地悠悠，万物悠悠。在大自然中，可供我们选择制作的东西太多太多，我们的厨师可以放眼捕捉，用食品菜点之原料去描摹创意，来丰富我们的餐桌品种，就像第一个创作"龙凤呈祥"的厨师一样。创新是需要想象和技艺有机结合的。我们的前辈大师已为我们做出了许多榜样。这里以江苏菜系为例，列举几款传统名菜，看看前辈们是怎么设计创新菜品的。

苏州松鹤楼菜馆创制的"松鼠鳜鱼"，正是厨师发现鱼头似鼠头，又联系到本店店招"松"字，而灵机一动，决定把鱼烹制成松鼠形状，将其头昂尾翘，肉翻似毛而形成此菜。南京丁山宾馆广大厨师在20世纪80年代初期认真研究菜肴中，发现当时花色冷拼菜肴品种单调，缺乏诗情画意，特一级厨师徐鹤峰设计的"荷塘蛙鸣"构思新颖，寓意不凡，整个画面只一张荷叶一只青蛙，朴实无华，用黄瓜头装饰为蛙，用荤、素原料摆两层刀面作荷叶，使人感到夏日田间蛙声满堂，充满生机，向人们展示了一幅充满生活气息的图画和一首富有情趣的小诗。

从大自然中来，历代厨师创造出许多耐人寻味的菜点。苏州特一级烹调师刘学家师傅，借虹桥赠珠这一美丽的神话故事，研制新菜。相传古代东海有位美丽善良的仙女，在虹桥与书生白云相遇，一见钟情，遂以镇海神珠赠予书生白云，作为定情之物，后世传为佳话。刘师傅以此神话为题，经巧妙构思，精心创制了"虹桥赠珠"一菜，取象形之意，以干贝砌成"桥墩"，用蛋黄糕制成"拱桥洞"，熟火腿拼排作"桥面"，用发蛋糊制成"鸳鸯"一对，四周围成马蹄和红樱桃作"珠"，此菜造型新颖，色泽和谐，食之鲜美味醇。

南京特一级烹调师杨继林师傅制作的"知了白菜"的创意也是十分独特的。用白菜制成自然的知了形，将菜心一剖两片，在横切面上撒上干淀粉，然后将虾蓉放在断面上，中间鼓起，边缘抹平，成"知了身"，用水发香菇改刀成椭圆形片，贴在青菜心两边，成"知了翅"，再装上"知了眼"，成形后用温油汆熟，再加鸡汤烧沸成菜。此菜形似知了，有荤有素，清爽味美，独具匠心。

上面三则菜肴是我国代表的传统名菜，都是从菜肴的造型出发描摹而设计的。猪肉、鸡肉、鱼肉、虾肉的肉蓉料和豆腐泥，是描摹自然之法最好的"塑料"，厨师们可利用各种肉蓉料塑造各种花鸟鱼虫和各样图案；点心中的面粉、米粉、澄粉、杂粮粉之类原料，都能够被点心师随心所欲地捏制成各式形状和图案花卉。如江苏菜系中的鸡汁石榴虾、莲蓬豆腐、鸳鸯海底松、孔雀菜心等。前辈们已为我们留下了许多宝贵的财富，只要我们多动脑筋，细心观察，发挥想象力，自然之物，都可被我们所利用。

（三）发挥菜品联想的魔力

"问君能有几多愁，恰似一江春水向东流"，这是南唐李煜《虞美人》中千古传诵的名句。这里就用"一江春水"来联想、形容愁的"几多"。其实，中国古典诗歌中了常见的那些修辞手法"夸张""比喻"等，都是联想思维的必然结果。

联想思考法也是菜品设计过程中常使用的一种方法。但凡设计之前，都必须先要思考，创造性的思考难能可贵，而由此及彼地进行联想，确是菜品设计创新的一条方便之路。

联想会将令人觉得意外的事物联系起来，从而产生奇特的设想，许多菜品就是这样产生的，"春蚕吐丝"一菜就是运用联想法而创制的一款佳肴。人们想到春天的蚕吐丝作茧，由蚕茧、蚕丝的物体想到了食物的代替品，厨师们通过精心构思，创制出用虾丸作蚕茧，用糯米纸切成丝代表蚕丝，将虾蓉包入炸熟的腰果成蚕茧状，滚上糯米纸丝，入温油锅炸熟，其造型优美，白色而细巧的蚕丝十分逼真，给人色、味、形俱佳的艺术效果。还有人取熬糖拔丝，用工具甩成细糖丝作蚕丝，都是较成功的范例。

1996年，南京中心大酒店的一位年轻的二级面点师，借"苏式汤圆"发挥联想，独创出名闻南京城的"雨花石汤圆"，这种联想构思巧妙，又与南京雨花石神似，放入汤碗，真可让人难辨真假，而赞叹不已。

当然，联想不是瞎想、乱想，要使想象的过程中有逻辑的必然性。在菜品的设计中，我们可以就某一种原料进行想象的创新。如"对虾"有带壳烹制，也可去壳取肉炮制；可炒、可烧、可焗、可扒、可炸、可煎等，方法很多。就"炒制"而言，人们从炒虾仁联想，创制出炒虾球、炒明虾片、炒虾花、炒凤尾虾等，今日人们又发挥联想，由虾仁→虾蓉→虾线→虾面→虾面片→虾条，这些都是通过联想作媒介，使它们发生联系，并一步步地开发和创制，应该说，"虾面""虾线"是在虾球、虾圆的基础上通过联想而得到的富有创见的品种。所以，联想有广泛的基础，它为我们的思维运行提供了无限广阔的天地。

广州人以善吃而著称，"不吃该吃的，偏吃不该吃的"——看来这是广州人吃菜新时尚的特征之一。追溯以往，广州菜农便有把荷兰豆的豆蔓新芽采摘上市的始创，称之为豆苗。于是，人们通过联想之法逐渐培育出一些蔓芽发达、专供采摘豆苗上市的品种以供厨房烹调之需。近20年来，依法联想培植之风不断发展：种冬瓜、南瓜、节瓜等，都有人专门有摘瓜蔓新芽上市，称之为冬（南、节）瓜苗。这些瓜苗口感清新，风味独特，成了不少饭店、酒楼的新潮菜色。而番薯叶、芋头荚等经过精心制作端上宴席，也令不少食客交口称赞。这是联想思维运行的结果。

为了创造性地发挥联想，我们应当自觉地运用古希腊哲学家亚里士多德创立的联想法则：相似联想、对比联想和相关联想。

雀巢果仁香螺
\
南京－薛大磊－制作

雀巢果仁香螺

赏析： 菜品的装饰设计常常需要借势和联想。果仁炒香螺虽是一道平常的炒菜，但要保持香螺肉的爽脆，需要特别注意火候和加热时间。利用春卷皮烹制成雀巢，是借用本与菜肴无关的雀巢来美化菜肴，烘托气氛，使菜肴焕然一新。食之酸甜微辣，螺头爽脆，果仁酥香。成品如同一幅图画，人们在享受美食的同时，也带来了美好的遐想。

⊙相似联想，是由一种菜点想起与之相似的另一种菜点。如由"鱼香肉丝"想起"鱼香牛肉丝"，由"菊花青鱼"想起"菊花肉"，就属这种联想法则的运用。

⊙相关联想，是建立在事物之间相关关系之上的联想规律，如由"虾圆"想到"虾线"，由"苏式汤圆"想到"雨花石汤圆"，都是相关联想法则的运用。

⊙对比联想，是想起与某一菜点完全相反的另一菜点。如由现炒现吃的热菜，想到烹制后用的凉菜，如由"扒烧蹄髈"想到了"糟香蹄髈冻"，由"汤团"想到了"凉团"，冷热相反，便属对比联想法则的运用。

在实际的联想过程中，上述三种联想法则往往是配合应用的。例如，在包捏制作"花色蒸饺"中，从"鸳鸯饺"的两个孔洞，又想到了两个孔洞的"飞轮饺"；又想到捏制三个孔洞，便成"一品饺"和"三角饺"；想到了四个孔洞，便制成"四喜饺"；想到了五个孔洞，便制成了"梅花饺"。在这一思考过程中，显然综合了相关联想和相似联想。

运用联想之法展开想象的翅膀，就可以制成一系列的菜点品种，而且可以连带出许多富有创见的联想和探新立异的品种。而今以某一原料研究成菜品的系列款式很多，如《海鲜菜谱》《猪肉菜谱》《豆腐菜500种》《巧吃大白菜》等书籍，都是以传统菜为基础而绝大多数是采用联想法而成其佳肴的。如花色包子的制作，我们可由"雪梨包"联想到"葫芦包"，继而又可包捏成苹果包、桃包、柿子包等，先发挥联想，再利用现有的基本技法，最后利用创造性思维将包捏制作完成。

运用联想之法从事菜品创新，不管采用哪种法则，都要充分调动创造思维。人们需要的是一种标新立异的思维结果。应该说，人人都有联想，对于想运用联想法创制新肴的人，具备一定的基本功，加之灵活思考，掌握此法创制菜肴也是不难办到的。

鹅卵石汤圆

赏析：鱼米之乡的江苏，利用稻米制作点心是面点师的强项，自明清以来各式糕团品种变化多样，繁花似锦。汤圆是长江、淮河地区每家每户都善于制作的食品，由汤圆到四喜汤圆再到鹅卵石汤圆的创制，这是运用联想法创新的系列品种。本来鹅卵石与汤圆风马牛不相及，但设计者巧妙嫁接，利用可可粉进行掺色揉制、包馅，制成像鹅卵石一样的汤圆，成品花纹清晰，口感黏糯、润滑，外形美观。

（四）逆向思维创造新菜品

　　菜品的制作是按一定的规章、程序而进行的，但打破常规将某些程序、规章按新的观点和思路进行新的剪辑，使其颠倒过来。事实上，人们运用重新排列、组配的办法，也使菜品的设计创新增加了不计其数的新品。

　　英国科学家法拉第把当时已被证明的"电流能够产生磁"的原理颠倒过来，实现了"磁能变成电"的设想，从而诞生了世界上第一台发电机。菜品的创新，也要敢于启动逆向思维，在思维中标新立异。在实际操作中通常从背道而驰和挑战规则两方面去实施。

　　鲍鱼是我国海产的名贵烹饪原料。自古以来，我国烹制鲍鱼的方法很多，有烧、扒、烩、爆、炖、煨等多种方法，并产生出许多名品，如扒鲍鱼、红烧鲍鱼、鸽蛋鲍鱼等。多年来，厨师们打破传统的烹制方法，取鲜活鲍鱼，批成薄片，放入包好冰块的盘中，配上一碟调味汁，另配一只烧开的上汤锅仔，供人们涮食或生食。其创意标新立异、与众不同，它颠倒了程序和规章，以新的面孔面世，取名曰"上汤涮鲍片"，博得了食鲍人的高度赞扬。

　　我们曾看到过敦煌壁画上的艺术形象，操琵琶者一反常态，以其反弹之势和婀娜多姿之态，令人叹为观止。菜品创新与文艺创作原本同根，许多菜品"颠倒是非"一反常态，反而起到独特的效果。

　　冰淇淋是夏季的冷饮品种，也是宴饮中之常品。聪明的烹调师敢于颠倒常规，标新立异，将冰镇的冰淇淋采用挂糊高温油炸之法，制成"脆皮冰淇淋"（或制成"火烧冰淇淋"），夏日展之，外脆里冻、外酥里软。这是颠倒思考法的创意取胜。

　　世上任何完整的事物都可以分解成若干构成要素，这

风沙野菜球
\
南京－吴俊生－制作

风沙野菜球

赏析： 菜品的设计常常需要变化一些角度来思考。面包糠通常是外裹菜品来油炸，设计者将面包糠与野菜末结合，让口感松、沙、爽、脆。此菜的构思一反常态，独辟蹊径，其创意就在制作和口味上。利用绿色野菜与鲜虾仁的搭配，不仅营养好，口味也美妙。在虾胶与野菜的组合中，放入少量的猪肥肉，可使食用时不干涩、有润感；成熟后的野菜虾球与面包糠的配合，使其口感松、沙，品尝时口腔中触觉十分奇妙而惬意，细细品究，即是那种爽、嫩、松、沙之美感。

墨鱼小花螺
\
无锡－徐平－制作

些要素之间的有序结合便形成某种结构，一定的结构形式体现一定的功能特性。因此，有意识地对现有菜品进行结构上的"颠倒"，是有可能促使菜品的特性发生变化的，逆向思维如运用得好，就是出奇制胜的创造性表现。因为它立足于改变规则，敢于向传统规则挑战，善于根据需要另立新规。

牛奶是营养丰富的液体食品，以其作辅料、制点心、制菜人们也习以为常。可是广东大良的师傅另辟蹊径，颠倒常规，

墨鱼小花螺

赏析： 墨鱼、花螺是制作热菜的海产原料，也是人们用作凉菜的食料。此菜热制冷吃，是一道夏季餐前凉菜主盘。制作者在菜品的配制上，为了突出夏季食用的特点，采用逆向思维法，用散发出丝丝凉意的碎冰衬底，烘托出盛夏凉爽之美意。脆脆的丝、爽爽的片、排列的小花螺与主料墨鱼一起构成荤素大拼，清爽而得体的装盘，能使食客胃口大开，此菜是极好的餐前开胃菜。

将牛奶炒制成菜，这是出乎意料的反弹琵琶、改变结构。牛奶如何炒？经烹调师们精心研究，他们用炒锅加牛奶烧沸，再倒入用牛奶调匀的干淀粉、鸡蛋清、氽熟的鸡肝、过油的虾仁、蟹肉、火腿丁拌匀，锅加油烧热，再下拌有干淀粉的牛奶，炒成糊状，再加炸橄榄仁，淋油装盘堆成山形，即成"大良炒牛奶"。此菜技术难度大，确有独特的风味，遂成为闻名全国乃至世界的名菜。

菜点创新，若用普通办法仍无法解决问题时，不妨改变结构，颠倒常规，在思考改变现存的规则方面寻求突破。著名的物理学家、诺贝尔奖获得者埃伯特·詹奥吉说："看到了每一个人已经看到过的东西，并且想到了任何人都还没有想到的地方，就构成了新的发现。"

逆向思维设计法在菜品制作中的运用还是屡见不鲜的。沙拉，是西餐中常用开胃的冷菜，用沙拉酱拌制凉食风味独具。自从中国市场上出现了"卡夫奇妙酱"以后，各种沙拉菜的制作也在中餐中应用起来。中餐厨师一反西餐用沙拉做冷菜的常态，颠倒结构，出奇制胜地制作了"香炸海鲜卷""千岛石榴虾"，即用威化纸等包海鲜沙拉、虾仁沙拉，挂糊、拍面包粉炸至酥脆而成。食之外酥脆、内松软，口感别致。

这种逆向思维设计创新的追求，并不是因为对熟悉的东西感到厌倦而去猎奇，而是有意识地改变思维定式，设法对已有的原料、加工方法、烹调技术从新的角度去考察、实践。确实，要使人们的思维跳出已有的习惯是困难的，但却是非常重要的，因为只有跳出传统的专业领域，才能获得异常的启示，得到独特新颖的设想。因此，我们不妨"倒过来想一想"，积极思考能否以逆向的方法和形式促使制作过程和成品达到新、奇的目的；能否使事物在相反的环境中改变原来的特性。因为这样颠倒常规，才有可能谱写出菜品创新的新篇章。

第二篇

美食重设计

让食用与审美相互交汇

从某种角度来看，当今餐饮企业的竞争，实际上就是菜品质量与新菜品设计之间的竞争。就菜品设计而言，怎么样让客人看了舒服、吃了舒畅，这不是一个简单的课题。一个城市，成千上万家大小餐厅，能有多少给人印象很深的菜品？难矣！设计要巧妙，味道要好，看了要诱人，这不仅在色、香、味、形上面，还要体现通俗或雅致，这不但有技术含量，还有文化创意在其中。一次次烹饪大赛能产生令人难忘的菜不多，那些搞噱头、求难度、不实用的菜品已让人反感、令人唾弃。

菜品的设计与品质已经成为现代餐饮经营的关键点，一份菜的外观卖相决定了它的价值。干净、简洁、完整的菜品带给人的效果肯定要比乱糟糟的菜品卖相好、价值高，过于花哨、平庸的菜品也跟不上时代的潮流。简洁造型的菜品，突出技术含量和整洁美观，定能得到客人的认可。本篇将从菜品设计的基本工艺出发，介绍和分析通过精心设计而带来的创新品种。

一、美食设计应与
餐饮市场对接

自2012年"八项规定"实施以来，我国餐饮业开始进入常态化经营时期。当今的菜品设计必须从顾客的实际需求出发，从食品原材料和产品质量方面做踏实的工作，真正让顾客对你的餐厅和产品感兴趣，才能招徕回头客。但归根结底，餐饮经营要适应新市场，品质应优良，敢于闯新路，才能成为赢家，立于不败之地。

（一）美食设计与菜品创新思路

中国菜品以工艺精湛，独步烹坛著称于世，与变化多端的制作工艺有密切的关系。中国烹饪经过历代烹饪大师的苦心钻研，新的工艺方法不断增多，新的菜肴品种不断涌现。许多烹调、面点师在菜品设计与创新中，都善于从工艺变化的角度作为菜肴变新的突破口，通过这条道路向前探索，人们摸索出了许多规律，开拓出许多制作菜品的新风格。而菜品主要的功能是供人食用，它与其他工艺造型有质的区别，既受时间、空间的限制，又受原材料的制约，因此，在设计创新时应遵循以下几条原则。

1. 食用与审美
不应本末倒置

菜品的真正价值是什么？是"食用"二字。没有人到饭店花钱购买菜肴是为了"看"的。但社会进入发展和享受阶段，人们又不仅仅为了填饱肚子，需要的是物质与精神的双重享受。因此，审美的功能越来越显示出它的份额。我国菜品制作有其独特的表现形式，它是通过烹调、面点师精巧灵活的双手经过一定的工艺制作而完成的。设计创新菜品的根本目的，是为了具有较高的食用价值，因为，菜品是专供食用的，而不是其他。它通过一定的烹饪艺术手法，就是使人们在食用时增添审美的效果，食之觉得津津有味，观之又令人心旷神怡。它在食用为本的前提下，展现在宾客面前，以此增加气氛，增进食欲，勾起人们美好的联想，感到一种美的享受。

食用与审美寓于菜肴制作工艺的统一体之中，而食用则是它的主要方面。菜品烹饪工艺中一系列操作技巧和工艺过程，都是围绕着食用和增进食欲这个目的进行的。它既能满足人们对饮食的欲望，又能使人们产生美感。

经过设计的造型菜品与普通菜肴的根本区别在于，它经过巧妙的构思和艺术加工，制成了一种审美的形象，对食用者能产生较好的艺术感染力。而普通菜肴一般不注重造型，菜肴成熟后直接从锅中盛入盘碟中即可。造型菜品，它提供给人们的不仅是一盘菜点，而且具有美的视觉形象，在人们还没有品尝之前，还可诱发人们的食欲。它在营养、美味、内容美的基础上，还体现了外在的形式美，使两者有机的交融。

在创作造型热菜时，制作者必须正确处理两者之间的关系。任何华而不实的菜品，都是没有生命力的。所以，需要特别强调的是，菜品不是专供欣赏的，如果制作者本末倒置，这将背离烹饪的规律，也是广大顾客所反感的。脱离了食用为本的原则，而单纯地去追求艺术造型，就会导致"金玉其外，败絮其中"的形式主义倾向。现代餐饮经营竭力反对那些矫揉造作的"耳餐""目餐"的造型菜。而以食用性为主、审美性为辅，像松鼠鳜鱼、珊瑚鱼、素鲍鱼、梅花饺、像生雪梨果等，使之各呈其美的造型菜品才是人们真正所需求和愿望的并具有旺盛生命力的菜品。

鲍鱼金瓜

赏析： 自2012年"八项规定"出台以来，中国菜品的制作也少了一些浮夸之气，重视食用的清新之风涌现。许多宴会菜肴的设计者不重装饰，以食用价值为第一需要，回馈到菜肴制作的常态。"鲍鱼金瓜"就是其中的代表，以位客装盘，体现档次，既有较高档的鲍鱼，也有较平常的金瓜，还配有葱香饼和绿色西蓝花，菜品荤素搭配，菜点相融，雅俗共赏，简易组合，却营养合理，用鲍鱼汁调汁，美味可口。

鲍鱼金瓜
\
张荣春－摄

2. 营养与美味
应有先后顺序

菜品的形式美是以内容美为前提的。当今人们评判一款菜品的价值最终必定都落在"养"和"味"上，如"营养价值高""配膳合理""美味可口""回味无穷"等。欣赏菜品，也必须细细地"品味"。人们品评美食，开始或不免为它的色彩、形态所吸引，但真正要评其美食的真谛，又总不在色、形上，这是因为饮食的魅力在于"养"和"味"。菜品制作的一系列操作程序和技巧，都是为了具有较高的食用价值、营养价值、能给予人们以美味享受的菜品，这是制作菜品的关键所在。

菜品设计创新的最高标准是什么？人们众说纷纭。在饮食活动实践中，人们正在同时运用多种标准。其一，味美；第二，色香味形质器意；其三，营养平衡；其四，安全卫生；其五，养生保健；其六，符合有关法规。这些标准，哪一条都有自己独特的规定性，单独看，都是正确的。但是，在菜品创制时，正确的做法应该是，综合运用这些标准。在一般情况下，这个标准体系的内容，按其重要性，正确的排法应该是安全卫生、营养平衡第一，味美第二，再加上其他几条。人们在创作实践中容易犯的最大错误就是往往把"味"排在第一位，而不是把营养平衡排在第一位，甚至是只讲"味"这一条。许多大大小小的疾病，特别是"现代文明病"，都是由于长期营养不平衡引起的。有些菜品的味是由不健康的调味品所形成的，如"老油""口水油"的口感比新油口感香得多；增加某些添加剂的调味品比未加的更有味。菜品是食用品，随着人们生活水平的提高，人们对菜品的卫生、食用价值的要求越来越强烈。那些华而不实、故弄玄虚、"中看不中吃"的"目食"菜品，人们定然会嗤之以鼻。这是新时代人们对菜品的要求，也是不可逆转的。货真价实、原料新鲜、营养合理、口味独特，既是商业道德的要求，也是企业菜品设计和技

松露鹅肝

赏析： 松露菌主产于榛树、橡树、柳树下，此菌最忌阳光，日下香味挥发较快，其幽香细致令人齿颊留香。松露菌成为珍馐，被誉为"天赐美味""营养美味"，黑松露菌在国际市场需求甚殷，价格日高。鹅肝是法国美食名产，在法国大行其道，十分普遍，其产量约占世界的75%，其中90%内销。鹅肝除含有大量的B族维生素及铁质之外，其肥油有2/3为单不饱和脂肪酸。借用西式鹅肝原料，煎制成熟后，用菌菇黑松露酱烹制佐味，食用时配昆明小甜豆，解腻爽口。

松露鹅肝
\
南京－孙谨林－制作

术质量的表现。这是企业能够长久兴旺的准则。而菜品设计一旦违反了这个原则，必然会招致消费者的反感，那么走向关门的路也就越来越近了。

在菜品的创新中，我们要正确处理两者的关系，在菜品的配置中，做到营养与美味相结合，注重菜品的合理搭配是前提，在烹饪过程中，尽量减少营养成分的损失，更不能一味地为了造型、配色，甚至不顾产生一些对人体有害的毒素。从某种意义上说，烹饪工作者应引导人们用科学的饮食观约束自己的操作行为，使其达到营养好、口味佳、造型美。

3. 质量与时效应迎合市场需要

一个创新菜品的质量好坏，是其能够推广、流传的重要前提。质量是一个企业生存的基础，创新菜的优良品质，体现出该菜品的价值。没有质量，就没有生产制作的必要，否则就是一种浪费，不仅是原材料的浪费，也是生产工时的耗费。

食材的质量是菜品设计创新的前提，选择各地区的特色原材料，如千岛湖鱼头、内蒙古的羊腿、云南的菌菇等，引进外地有特色的食材，这种异地原料是创新菜品中最方便、最能形成差异的品种，一些本地没有的特种原料在设计制作菜品时更能够吸引客人。

我们经常会看到各种烹饪大赛或企业的创新菜比赛，许多菜品生熟不分、造型混乱，对原料长时间用手触处理，乱加人工色素甚至不洁净的操作过程，这些菜品虽外表漂亮，口味也不差，但其菜品的质地受到了损坏，甚至带来了一些负面影响。如一些菜品将烹制的热菜摆放在琼脂冻的盘子上，一冷一热，使成形乱七八糟；用超量的人工合成色素来美化原料和菜品，使其颜色失真，显得做作，也污染原料；有些菜品用双手长时间的接触，动作拖泥带水等。这些菜品虽然造型较好，但菜品的质量遭到了破坏。

影响菜品质量的因素是多方面的，用料的不够合理、构思的效果不好、口味的运用不当、火候的把握不准确等都会影响菜品的质量。在保证菜品质量的前提下，还要考虑到菜品制作的时效性。在市场经济时代，企业对菜肴的出品、工时耗费要求也较严格，过于费时的、长时间人工操作处理的菜肴，已不适应现代市场的需求，过于繁复的、不适宜批量生产、快速生产的耗时菜品也是质量不足的一个方面，它不仅影响企业的经营形象，也影响菜品的生产速度。

作为商品的菜肴，不论是什么菜，从选料、配伍到烹制的整个过程，都要考虑到成菜后的可食性，以适应顾客的口味为宗旨。有些菜设计得很好，可运用了许多不能吃的东西如小泥人、小石块、生面团塑型等作装饰，显得很不卫生；有的菜设计制成后，分量较少，装饰物较多，叫人们无法去分食；有些菜看起来很好看，可食用的东西不好吃；有的菜肴原料珍贵，价格不菲，运用现成的调料，但烹制后味很单调；有些菜品把人们普遍不喜欢的东西显露出来，如猪嘴、鸡尾等，这些菜品，厨师忙了半天，客人又不喜欢，说白了就是糟蹋原料，违背客人意愿。许多菜品设计者不去研究客人的饮食需求，只图自己的个人喜好，或一厢情愿，把菜肴制作得花枝招展，这样长此以往，企业菜品的质量问题就会葬送在这些花里胡哨的菜肴里，其生意也就可想而知了，到头来只会门庭冷落。

菜品设计在注重形美的同时反对一味地为了造型而造型，不惜时间而造型。现代厨房生产需要有一个时效观念，我们不提倡精工细雕的造型菜，提倡的是菜品的质量观念和时效观念相结合，使创新菜品不仅质美、形美，而且适于经营、易于操作、利于健康。

蒜蓉小青龙
\
南京 - 曹建华 - 制作

蒜蓉小青龙

赏析： 小青龙是受广大食客欢迎、比较抢手的原料，因为
饭店叫卖的都是鲜活货品，其肉紧结，比较实在，口味又
无比鲜美。对于普通食客来说，就是价格高了点，因为是
空运货，又是名贵海鲜食品，一般为高档宴席之佳品。此
菜的造型活灵活现，十分独特，有动感，给人一种欲罢不
能的感觉。制作时需要注意的是，虾肉蒸制的时间要掌握
好，时间过长虾肉过老，口感就会大打折扣。

4. 雅致与通俗
应相得益彰

中国菜品丰富多彩，真可谓五光十色、千姿百态。各地涌现出的许多创新菜品大都具有雅俗共赏的特点，并各有其风格特色。按菜品制作造型的程序来分，可分为三类：第一，先预制成形后烹制成熟的，如球形、丸形以及包、卷成形的菜品大多采用此法：狮子头、虾球、石榴包、菊花肉、兰花鱼卷等。第二，边加热边成形的，如松鼠鳜鱼、玉米鱼、虾线、芙蓉海底松等。第三，加热成熟后再处理成形，如刀切鱼面、糟扣肉、咕咾肉、宫保虾球等。

按成形的手法来分，可分为包、卷、捆、扎、扣、塑、裱、镶、嵌、瓤、捏、拼、砌、模、刀工美化等多种手法。按制品的形态分，又可分为平面形、立体形以及羹、饼、条、丸、饭、包、饺等多样。按其造型品类分量来分，可分为整型（如八宝葫芦鸭）、散型（如蝴蝶鳝片）、单个型（如灵芝素鲍）、组合型（如百鸟朝凤）。就普通的"鱼圆"而言，色泽白净、大小一致、光滑圆润，就体现了"雅致"的特色，尽管是普通的圆形，若增加了"蟹黄"馅心，更显现出雅俗共赏的品位。当然，如果大小不均，色泽暗淡，那是技艺上的问题，就谈不到美感，也会影响人的食欲。

在热菜菜品设计中，不仅是指宴会高档菜和零点特色菜，较普通的菜品也可简易"描绘"图案，如蛋黄狮子头、茄汁瓦块鱼、芝麻鱼条等也同样有艺术的效果、艺术的魅力。同样是一盘"荤素鱼饼"，它的厚薄、它的大小，它经煎炸的成色，都有很重要的关系。鱼饼的大小、规格一致就会激发人的进食欲望，而大小不匀，造型不整，就会降低人们的进食兴趣；质地僵硬、加热焦煳、外形软塌，都不是鱼饼应有的风格。菜品造型雅俗共赏，将技术含量和艺术效果贯穿于生产制作的始终，不在于菜品的高低贵贱，而在于菜品造型的整体效果。

近些年来，我国菜品的造型设计从传统的平面造型开始向现代的立体造型方面发展，这种转化的趋势比较明显，它一方面受我国传统的花色冷盘制作的影响，另一方面吸收了欧洲和日本菜品的制作风格，有些菜品通过模具压制成形，立体感较强，给人耳目一新之感。因是模具使然，其制作速度也较快，又不需要过多的刀工，既方便操作，又有一定的造型，而且清爽利落，只要把菜品的口味调制好就行。如蔬菜松用模具压后立起、肋排捆扎立起等，这是一种对传统突破的新的表现手法，也是菜品设计的新特点，是值得美食设计者学习和借鉴的。

松鼠酥

赏析： 将松鼠的造型借用到酥点上面，近几年来多地在做这方面的研究，有简易造型的，直接用直酥折弯造型，较为抽象。此品是2019年"中国残联"面点大赛的获奖作品，设计者独辟蹊径，用两块酥面组合，松鼠身体上装入双耳、双爪，其特色之处在于尾巴，制作者一反常态用直酥直接装配，而是将尾巴的酥面切断、刀切面做成绒毛状，其功妙不可言，可称上品，其手法也是近年来层酥制品的新创之举。

松鼠酥
\
邵万宽 – 摄

（二）美食设计与市场需求分析

1. 菜品设计与市场需求

创新菜品随着社会之需要，在全国各地发展迅速，相当一部分创新菜点以新颖的造型、别致的口味被广泛应用，获得了良好的经济效益和社会效益，充分显示了创新菜品的真正价值。但也发现不少创新菜品存在着不合情理、制作失当的现象，甚至出现一些误区，如重视美观、轻视食用的唯美主义和费工费时、精雕细刻的痕迹较普遍，这应引起我们行业同仁广泛的注意，需要不断的推敲和研究。在创新过程中，除在原料、调料、调味手段以及名、形、味、器均有突破外，同时也要注意营养的合理性，使菜品更具有科学性和食用性。

（1）菜品设计须适应市场，迎合消费者需求

创新菜点的酝酿、研制阶段，首先要考虑到当前顾客比较感兴趣的东西，即使研制古代菜、乡土菜，也要符合现代人的饮食需求，传统菜的翻新、民间菜的推出，也要考虑到目标顾客的需求。

在开发创新菜点时，也要从餐饮发展趋势、菜点消费走向上做文章。我们要准确分析、预测未来饮食潮流，做好相应的开发工作，这要求我们的烹调工作人员时刻研究消费者的价值观念、消费观念的变化趋势，去设计、创造引导消费。

未来餐饮消费需求更加讲究清淡、科学和保健。因此，制作者应注重开发清鲜、雅淡、爽口的菜品，在菜品开发中忌精雕细刻、大红大绿，且不用有损于色、味、营养的辅助原料，以免画蛇添足。

（2）可食性和营养性是菜品设计开发的核心要素

可食性是菜品的主要特点。作为创新菜，首先应具有食用的价值，要消费者感到好吃，而且感到越吃越想吃的菜，才有生命力。然而实际工作中，经常会看到一种不和谐、不协调的菜品，让人很倒胃口。如手工乱摸处理、热菜不热不温、一味地为了造型、装饰物污染菜品，等等。一个厨师，如果缺少了对美味菜品食用价值的鉴赏能力就会直接影响烹饪技艺的发挥。一个不容置疑的现实是，在今天的厨师岗位上，在各类烹饪大赛上，许多厨师不能自觉地意识到菜品设计的合理性，常常为菜品蓄意摆弄，肮脏不洁，其食用性下降，更让人难以下咽。客人不喜欢的创新菜，就谈不上它的真正价值，说白了就是费工费时，得不偿失。

营养卫生是食品的最基本的条件，对于创新菜品这是首先应考虑的。它必须是卫生的，有营养的。一个菜品仅仅是好吃而对健康无益，也是没有生命力的。如今，饮食平衡、营养的观点已经深入人心。当我们在设计创新菜品时，应充分利用营养配餐的原则，把设计创新成功的健康菜品作为吸引顾客的手段，同时，这一手段也将是菜品创新的趋势。从某种意义上说，烹饪工作者的任务，应该引导人们用科学的饮食观来规范自己的作品创新，而不是随波逐流。

（3）创新菜点应提倡在普通原料中开发，尽量减少工时耗费

一个创新菜的推出，是要求适应广大顾客的。经调查统计，有86%的顾客是坚持大众化的，所以为大多数消费者服务，这是菜肴创新的方向。创新菜的推出，要坚持以大众化原料为基础。过于高档的菜肴，由于价格过高，所以食用者较少。因此，创新菜的推广，要立足于一些易取原料，价廉物美，广大老百姓能够接受，其影响力才能深远。如近几年家常菜的风行，许多烹调师在家常风味、大

鱼羊一品鲜

赏析： 鱼、羊合烹之法最少也有两千多年的历史了。在江苏烹饪历史上，"鱼腹藏羊肉"就是历史的证明。徐州菜"羊方藏鱼"，创新菜"鱼羊狮子头"均为此例。鱼加羊即"鲜"字，鱼肉加羊肉同烹，确实是无上美味。苏人嗜鱼、爱羊，羊肉与鳜鱼同烹，取多味配料相辅，既鲜美，又开胃健身。此菜搭配合理，清爽雅致，特别是寒冷的冬日，更是暖胃的佳馔。

鱼羊一品鲜
\
扬州－杨耀茗－制作

蟹粉生蚝汁

赏析：生蚝，即牡蛎，为海产贝壳类食物，是近些年来广大消费者较为钟爱的海鲜品。我国东南沿海都有分布，秋冬季产量较多，其味鲜美异常，营养价值较高。西欧人还喜欢将新鲜的蚝肉即开即食。生食者，取其鲜嫩，其味绝佳。此菜用蟹粉相调，海鲜与河鲜相得益彰，蚝肉色白、软嫩，蟹粉橙黄、鲜香。利用生蚝原壳盛装原味，再用生蚝汁提味，使其味更加浓郁。

蟹粉生蚝汁
\
南京 - 洪顺安 - 制作

众菜肴上开辟新思路，创制出一系列的新品佳肴，如三鲜锅仔、黄豆猪手、双足煲、麻辣烫、剁椒鱼头、芦蒿炒臭干等，受到了各地客人的喜爱，这些饭店、餐厅也由此门庭若市，生意兴隆。我国的国画大师徐悲鸿就曾说过："一个厨师能把山珍海味做好并不难，要是能把青菜、萝卜做得好吃，那才是有真本领的厨师。"

创新菜点的烹制应简易，尽量减少工时耗费。随着社会的发展，人们发现食品经过过于繁复的工序、长时间的手工处理或加热处理后，食品的营养卫生大打折扣。许多几十年甚至几百年以前的菜品，由于与现代社会节奏不相适应，有些已被人们遗弃，有些菜经改良后逐步简化了。

另外，从经营的角度来看，过于繁复的工序也不适应现代经营的需要，费工费时做不出活来，也满足不了顾客时效性的要求。现在的生活节奏加快了，客人在餐厅没有耐心等很长时间；菜品制作速度快，餐厅翻台率高，座次率自然上升。所以，创新菜的制作，一定要考虑到简易省时，甚至可以大批量地生产，这样生产的效率就高，如上海的"糟钵头"、福建的"佛跳墙"、无锡的"酱汁排骨"等都是经不断改良而满足现代经营需要的菜品。

（4）菜品的研发应突出地域文化风格特色

中国是具有悠久历史与文明的国家，在中华大地上产生了各式各样的文化和风俗，表现在菜品中则体现为多地域、多民族、多历史鲜明的特点。在中国流传着许多优美的故事以及由此衍生出的名菜、名点。而今，全国各地餐饮企业，利用中华民族优秀文化传统，经过当代烹调师的研究，产生了许多名宴、名菜点。如西安的"曲江宴""仿唐宴""饺子宴"，无锡的"西施宴""乾隆宴""太湖宴"，南京的"随园宴""仿明宴""秦淮小吃宴"，以及全国各地的"红楼宴""东坡宴""孔府宴"等，这些菜品的开发与

海肠江鱼杂

赏析： 这是一味江海原料大汇聚的菜品，即是把长江的产品与海中的产品有机地交融。鱼杂与海肠的合理搭配，比较新颖，其风格有鱼杂的香鲜、酥糯，又有海肠的脆嫩；口味交相呼应，双鲜合一，一定会博得许多男士的好评。利用江苏传统名点酒酿饼的配制，带有浓浓的酒香味，特别是发酵面蒸后再油煎，边食江海鲜、边吃饼，使此菜的吃口又锦上添花。

海肠江鱼杂
\
南京－张建农－制作

烧汁百叶松

赏析： 儿时在乡村的豆腐店里品尝过刚出锅的百叶，卷起蘸着酱油百叶品尝，新鲜的豆香味十分浓郁，就感到这才是世上最美的风味。应该说，诱人的菜品并非是由某些高档的原材料制作，有些普通的原料只要用心做好也一样会受人们喜欢。烧汁百叶松，虽然取料平常，但经煨、炸、卤后，其酥软味浓已非同一般。此菜既可作为宴会开席的头盘，也可作为中间的插曲当作小吃供人们品尝，其造型新颖，食之爽口。

烧汁百叶松
\
扬州－陶晓东－制作

创制，都离不开地方文化和风俗的特点。

具有中华民族特色的餐饮活动，离不开中国的文化风俗，春节、元宵节、中秋节、重阳节食俗以及生日宴、祝寿宴，其菜品的设计都与文化、风俗紧密联系，创新菜品若脱离了本地域的文化，也就失去了它的民族个性特色。

"只有民族的才是世界的"，这早已为人所熟知。在合家欢笑的氛围中，"花好月圆""团圆饼""百年好合"的创新，它反映了我国人民传统的团圆习俗，反映着我们民族传统的文化心理。创新菜、时令菜的制作，在与传统文化、风俗相吻合时，它产生的效果将是深远的。

（5）菜品设计力求降低成本，考虑顾客的消费

一个创新菜的问世，有时是要投入很多精力，从构思到试做，再改进、直到成品，有时要试验许多次。所以，企业的创新菜不主张一味地用高档原料。菜品的创新是经营的需要，创新菜也应该与企业经营结合起来，衡量一个创新菜主要看其点菜率情况，顾客食用后的满意程度。如果能够注意到尽量降低成本，减少不必要的浪费，就可以提高经济效益。相反，如果一道创新菜成本很高，卖价很贵，而绝大多数的消费者对此没有需求，它的价值就不能实现；若是降价，则企业会亏本，那么，这个菜就肯定没有生命力。

创新菜提倡的是利用较平常的原料，通过独特的构思，创制出人们乐于享用的菜品。创新菜的精髓，不在于原料多么高档，而在于构思的奇巧。如"鱼肉狮子头"，利用鳜鱼或青鱼肉代替猪肉，食之口感鲜嫩，不肥不腻，清爽味醇。"晶明手敲虾"，大明虾用澄粉敲制使其晶明虾亮，焯水后炒制而成。其原料普通，特色鲜明。所以，创新菜既要考虑生产，又要考虑消费，与企业、与顾客都要有益。

（6）菜品设计应遵循烹饪规律，拒绝浮躁之风

从近几年来各地烹饪大赛中广大烹调师制作的创新菜肴来看，每次活动都或多或少产生一些构思独特、味美形好的佳肴，但也经常发现一些菜品，浮躁现象严重，不遵循烹饪规律，违背烹调原理，对菜肴进行不洁的加工与造型。如把炒好的热菜放在冰凉的芦笋竹排上；用南瓜或萝卜雕刻成大树，将单个菜肴挂在树枝上；把炒好的、烧好的长条形原料用手工编成网、打成结、做成凉席；把油炸的鱼块再放入水中煮等类似的制作。这些都是违背烹饪规律的下等之作。

历史上任何留下不衰声誉的创新菜，都是拒绝浮躁的，是遵循烹饪规律的。有些年青厨师不从基本功入手，舍本逐末，在制作菜肴时，不讲究刀工、火候，而去乱变乱摆；有的创新菜就像一堆垃圾，根本谈不上美感；有些人盲目追求菜肴和口味的变化，却像涂鸦一样不知所云，让人费解。

近些年来菜品设计的点缀之风有蔓延之势，干净、雅致的点缀固然重要，但许多饭店似乎已过了头。把有些生的不可以吃的原料作为热菜的装饰品，如生的面团、生的葱蒜，有的还加进较艳丽的色素，手工长时间处理的萝卜雕花等，让人看了很不舒服；有的用陶土、泥人等不洁物品进行点缀装饰，让人没有食欲；有的咸味冷菜也模仿西方的餐盘点缀，用甜果汁（如蓝莓汁）作点缀，中国人与西方人爱蘸甜食的习惯不同，特别是北方人不爱吃甜味汁，许多厨师"依样画葫芦"而不明辨习俗；有的果汁在盘边乱糟糟，不清爽，很是败人胃口。更有甚者，将雕刻品、装饰品做得很大甚至超过菜肴本身，看起来很不卫生，这应引起人们的特别注意。许多年青的厨师把功夫和精力放在菜品的装潢和包装上，而不对菜品下苦功钻研。如一款

百花酿鱼肚
\
南京 - 王彬 - 制作

百花酿鱼肚

赏析： 百花酿鱼肚，是取用粤菜技术中的含义而命名的。百花，粤菜称为"虾胶"，又名"百花馅"，是用虾仁与肥膘肉拌和而成。这里去掉肥肉，减轻了脂肪的含量，更符合现代人们的饮食需求。此菜名美、色美，白净纯洁的虾肉搭配上碧绿的菜心，既幽雅、清爽，又滑嫩、清淡，还具有一定的养颜功效，故此菜能深得爱美的女士们的芳心。

"五彩鱼米"，制作者投入的精力在"小猫钓鱼"的雕刻上，而"鱼米"的光泽，切的大小实在是技术平平。装饰固然需要，但主次必须明确。由此，急功近利的浮躁之风不可长，而应脚踏实地把每一个菜做好。因为现在的饮食强调的是生态的、健康的、安全的、雅致的，这些是需要广大菜品设计者去认真思考和研究的。

荠菜山药羹
\
扬州 – 陶晓东 – 制作

荠菜山药羹

赏析： 这是一款时尚绿色食品。荠菜作为一种野菜，一直深受人们的欢迎。它味道鲜美，用它做羹，有一股天然清香味。荠菜营养丰富，含有10多种人体必需的氨基酸，蛋白质、胡萝卜素、维生素C、钙、铁、锰、钾的含量也都较高。把荠菜剁成末，烩成翠绿的翡翠羹，与健脾胃的山药丁同烹，上赋松子增香增味，成菜可谓色、香、味、养俱佳。

在餐饮业中，只有菜品的不断变化才能长久地吸引人。如今，餐饮业竞争的白热化，如何制造菜品的新鲜感，不断推出新产品，是经营者必须深思熟虑的问题。开发新菜式，不断创造产品的新鲜感，就要我们的大厨们不断具有危机感，对菜品的变化有新的概念。为了迎合市场的变化，有几点值得我们去思考。

（1）瞄准市场上流行的菜品

餐饮市场都有流行潮流，抓住这种潮流中的流行菜、网红菜，撷取有价值的菜品作为研究开发的对象，不失为一种开发设计的思路。所谓流行菜，其口味比较平顺，适应大众化，食物原料较有特点，制作和食用方法比较有新鲜感，菜品价格能被普遍接受等特色。在制作特色方面，它能跨越菜系之间的藩篱，能够适应绝大多数人的口味需求，甚至有一定的刺激性，并且雅俗共赏。如以前流行的"香辣蟹""桑拿基围虾""酸菜鱼"，口味、制作都有独特的内容，容易得到广大消费者的认可和喜爱，同时还有一些刺激性。因此，餐厅开发新菜从流行菜上入手，是非常明智的举措。它是菜品设计的便捷之径。

将市场中的流行菜转变成自己厨房制作的新菜，有两个原则必须注意：其一，作为大厨，要对市场中流行菜的嗅觉比较敏感，在流行菜开始流行之时便及时把控，抓住流行菜的口味、用材和特色，并能够较好地模仿制作，若不能够及时把控，大好时期已过，或流行风稍退，只抓住流行的尾巴，那样制作出的新菜号召力便不能像预期中那样，就会影响研究开发的价值。其二，对流行菜品要进行分析取舍，不是所有的流行菜都照单全收，引进流行菜时要符合本企业厨房的水平和能力，不可以别人怎么卖自己也一成不变跟着这样卖，那样就完全是在抄袭别人，做不好还会成为东施效颦。如果能依照自己的烹调专长将这些流行菜稍做变化后再推出，将会使开发的新菜更具有市场吸引力。只有花精力设计开发菜品才会成为本店的亮点。

（2）开发市场中叫好的畅销菜

从各地知名餐厅来看，大凡经营得比较成功的餐厅，几乎都有畅销菜。这里所说的畅销菜，主要是餐厅中最受欢迎、被客人点击率最高的菜品。在某一个餐厅，一般畅销菜也就是1~2道，最多不超过10道，但销售金额却占了总营业额的一半以上。如江苏盱眙的"十三香小龙虾"、淮安的"炒软兜"、四川双流县的"老妈兔头"，在当地一直是畅销不衰。

畅销菜之所以能够受客人欢迎，主要是具备了几个原因：菜品的用料既实在又比较特别；口味方面能迎合大众所好；菜品的价位可被顾客接受；菜品技艺是餐厅主厨的拿手绝活；制作流程有独特的配方。许多企业的畅销菜由于配方独特，也使得许多餐厅难以模仿。开发畅销菜式时就要抓住菜品的制作关键，把好食材关和口味关。如南京狮王府餐厅的"盐水乳鸽"，进店的客人都会点此菜肴，它口感鲜嫩、色泽亮丽、味美诱人。许多餐厅模仿制作，都达不到这样的效果。人们在食材的选取方面有特殊的要求，在加工制作上有规定的程序，这就是制作诀窍。所以，在以畅销菜为蓝本制作过程中，要深入地做细致的工作，不能简单拿来，这样会适得其反。

在开发设计研究中，企业可以围绕畅销菜做一些具体的工作。对畅销菜的原材料和口味进行深入探究。比如说一家餐厅牛肉类的菜特别畅销，那么我们可以进一步了解这牛肉是从哪里进货？菜品口味方面有何特色？只有分析人家的长处以后，才能对症下药，把畅销菜的精髓掌握，自然就会开发出新的菜品来。

翡翠珍珠鱼丸

赏析： 普通原料制成特色而营养的菜肴，这是设计者的高妙之处。当然，一份好的菜肴离不开高汤佐治。翡翠珍珠鱼丸，采用青鱼肉制成珍珠鱼丸，烹制后盛入用青菜叶蓉加高汤熬制的翡翠汁中，碧绿的菜汁点缀洁白的鱼丸，化普通为珍物，且营养上佳，老少咸宜。

翡翠珍珠鱼丸
\
连云港 - 陈权 - 制作

彩椒贝丁

赏析： 普通的炒菜经过精心的设计也可以妆彩而新。一是不同地域原料的组配之新，此菜取用大连鲜贝丁，与云南七彩椒、山东大葱段和蒜籽一起配炒，用四川荔枝味型佐味，多地原料和口味的组配，装入煮烫的鲍鱼外壳中。另一点是装点美化气氛之兴，不少菜品设计者，爱用干冰来衬托，以渲染菜肴的氛围，增添用餐的乐趣。

彩椒贝丁
\
南京 - 孙谨林 - 制作

（3）开发独具魅力的菜品

在餐饮市场上，总有一些菜品始终得到消费者的喜爱，那就是时尚的、健康的菜品。面对如今的餐饮食尚，低脂肪、减肥、美容、长寿菜品是广大消费者极力推崇和喜爱的，研发这类菜品定会得到市场的拥戴。

现如今，森林蔬菜具有广阔的市场前景，是风靡全球的五类健康食品之一。据现代营养学家们的科学分析，森林蔬菜含有人体所需的蛋白质、脂肪、碳水化合物、维生素、矿物质等营养成分，其胡萝卜素、维生素的含量普遍高于一般蔬菜。如蕨菜对心脏病、高血压等症有良好的辅助治疗作用；银耳能增强机体的免疫功能，具有抗癌功效；猴头菇可以治疗消化不良、体弱消瘦、胃溃疡等症。森林蔬菜所含的膳食纤维，有助于肠胃蠕动，可以预防肠癌的发生。

野山菌由于无污染，营养丰富，药用价值高，因而成为当今营养学家们提倡多食用的绿色时尚食品。鸡㙡菌，乃药食兼用菌，是著名的野生食用蘑菇之一，具有益胃、清神、止血治痔等功效，可治疗肝炎、心悸、肾虚等疾病。松茸菌，被视为"菌中之王"。其味道鲜美，香气扑鼻，是宴会上稀有佳肴，具有较高的药用价值。中医认为，松茸菌具有强身、益肠胃、止痛、补肾壮阳、理气化痰、驱虫等功效，对糖尿病和癌症有积极的作用。

粗杂粮成为新时代饮食的新宠。据专家们的科学分析，粗杂粮均含有丰富的营养，常食五谷杂粮，方能健康长寿。"粗"食中含有大量的膳食纤维。膳食纤维具有良好的润肠通便、降血压、降血脂、降胆固醇、调节血糖、解毒抗癌、防胆结石、健美减肥等重要生理功能，它还能稀释胃肠里食物中的药物、食品中的添加剂以及一些有毒物质，缩短肠内物质通过的时间，减少肠内有害物与肠壁的接触时间。

女士们关注的减肥食品可以健美瘦身，如绿豆芽、韭菜、黄瓜、白萝卜、冬瓜、番木瓜、梅子、魔芋等；老年人多吃抗衰老食品，如芝麻、核桃、胡萝卜、甲鱼、菌类等。以上这些食品都是现代餐饮市场十分畅销的食品，利用这些原材料制作成各式菜品，是市场上十分受欢迎的、独具魅力的，这正是菜品设计开发的最好的选项和途径。

（4）学习改良同业者的招牌菜

生意兴隆、能够长期有立足之地的餐厅，都是因为研发的菜品能够被顾客所接受、所推崇，关键是有"招牌菜"，被客人普遍认同。许多老字号餐厅，主要靠的就是这"招牌菜"。如北京全聚德的"北京烤鸭"，苏州松鹤楼的"松鼠鳜鱼"，南京绿柳居的"素菜包子"，这些招牌菜因销路最好，最受客人欢迎，已成为一个城市的招牌和名片。

厨房在研究设计新菜式时，从同业者的招牌菜上去思考，有很多捷径可以去参考。第一，因是同业者的招牌菜，会得到广大消费者的喜爱，只要能达到一定的质量就会被消费者认可和享用。如南京市招牌食品"桂花盐水鸭"，许多饭店都有制作，不少饭店的制作特色分明，不亚于已有的品牌，在餐饮行业已形成一定的口碑，同样得到广大消费者的欢迎。第二，从同行餐厅的招牌菜中研发出来的新菜式因为拥有一定的市场，只要质量跟得上，推出后很快会被消费者接受。如南京狮王府的"盐水乳鸽"，它就是在南京"盐水鸭"基础上的研发，10多年来已成为餐厅的招牌菜，而得到广大市民的认可。第三，利用现成的样本进行研发，开发工作可以事半功倍。如丁山花园酒店的招牌菜"丁香排骨"，就是在无锡名菜"酱汁排骨"的基础上加以研发而成的。

学习同业者的招牌菜，需要走出去考察和品尝。目前许多餐饮企业，每个月都会固定安排大厨和厨房骨干人员到同业者的餐厅品尝了解菜品。考察品尝的目的，主要是观摩同业者经营的长处和菜品制作的特色，学习别人菜品制作的特点，走出厨房到有特色的餐厅考察招牌菜，对广大厨房研发人员来说开阔了眼界，打开了思路，又能开发新菜式，有一举多得的效果。

在学习同业者的招牌菜时，应衡量本厨房人员的技术水平和设备情况，在工艺和口味上，如果能力不及无法学好，就不宜贸然模仿学习，否则反而暴露自己的短处，降低顾客前来用餐的机会。因此，什么菜可以学？是否能学到和同业者一样的受欢迎？经营者和大厨事前一定要做好审慎评估。就同城市的餐厅而言，尽量不要一味地抄袭别人的招牌菜，否则，在同业者中一来会失去商业信任；二来若制作水平欠缺，反而会成为笑柄。最有利的方法，就是从同业者的招牌菜中择优选取，作适当改进，以此来增加新菜品。

3. 菜品设计是需要精心打造的

一款成功的新菜品是在逐步完善的基础上而不断成熟的。作为一家餐饮企业，设计的菜品对食材、调料、制作工艺等都要有具体的要求，即是要保护好设计产品的质量。因为，没有质量的菜品是不可能长久存在的，即使品牌菜品也是随时可以垮掉的，这在国内也是屡见不鲜的。如果"老字号"、品牌店稳固自己的菜品质量，又能不断地去更新自己的产品，始终做到货真价实、不玩虚的，自然不会垮下来。

餐饮企业的名声靠什么？靠的应该是特色美味加稳定的质量。自古及今莫不如是。企业要有危机感，要从产品设计创新入手，适应新时代的要求。

百年老店东来顺，其长盛不衰的秘诀，靠的就是不走

酥皮鳜鱼粒
\
无锡 - 施道春 - 制作

酥皮鳜鱼粒

赏析： 鳜鱼是江苏宴席菜品中常用的中高档鱼类，肉质鲜嫩，出肉率高。将其切粒与笋、菇同炒，肉嫩色白，口味丰美。此菜在创作时利用菜肴与点心的结合，将鱼肉等酿入千层酥盒，改变原有的食用方法，外形依然完整，酥皮奶香松软，鳜鱼鲜嫩滑爽，点中有菜，菜纳点中，更体现了菜品制作的艺术效果。

龙腾芋耀

嘉兴－李亚－制作

龙腾芋耀

赏析：让菜品立式造型是近多年来的一种设计风格，可增强菜肴的立体感和卖相。龙虾取肉后，外壳经水煮成熟，用虾头、壳、须造型，可扩展龙虾的气势。此菜的制作取芋头切丁，蒸熟后加入调料搓成芋泥；龙虾取肉与配料一起切丁，炒熟作馅用芋泥包裹，以油温100℃炸至金黄起酥。蛋清加入鲜奶、蜜豆仁等调料，炒成"大良鲜奶"装入盘中。此菜合二为一，有干有湿，不仅口感互补，鲜嫩与酥香并举，而且飞跃的气势撩人心扉。

样的质量要求，尽管它的主人在更替，但它的"选料精，加工细，调料全，火力旺"四个特点一直没变。南京金陵饭店的许多菜品，都尽力保证原材料的新鲜，像"蟹粉豆腐"一菜，其"蟹粉"都是每天用活螃蟹新剔的，而不是像一般企业那样从冰库里挖取的。全聚德所用的烤鸭坯，对鸭子的养殖、食料、大小、宰杀、加工等都有一整套的要求，只有符合标准的产品才有可能走进自己的生产厨房。

一个菜品的设计符合市场需求还是远远不够的，市场的背后一定要有稳定的、持续改进的质量水平在支撑，才不至于名不符实、昙花一现。设计的新菜品符合市场竞争的首要因素是产品的质量，产品质量高，就为企业的品牌竞争奠定了良好的基础。一个品牌成长的生命力来源于质量，一个品牌在市场中垮掉，许多也是缘于质量出现了问题。所以说质量是设计菜品的生命，是支撑品牌的基础。

菜品设计质量建设的中心工作一方面要保持稳定的产品质量水准，同时要根据顾客的需求，以满足顾客和消费者最大效用为出发点，不断提高和改进产品的质量。在餐饮品牌质量建设过程中，要体现产品的营养性、美味性、新颖性和独特性，才有无限的生命力。

作为餐饮企业怎样去打造设计品牌，成为赢家，规模不同、档次不同、年代不同的企业可采取不同的方法。但对餐饮和菜品而言，可以从以下几个方面入手考虑。

（1）借助影响深远的产品

饭店的名特菜点在社会上都享有一定的知名度，通常为企业带来一定的社会效益和经济效益。如杭州楼外楼的"叫化鸡"，南京绿柳居的"素菜包子"等风靡海内外。在菜品设计中，可借助名菜名点的优势，进行顺势利导的设计利用。如近几年开发设计的"酥皮叫化鸡""秋葵包子""黄花菜包子"等。

（2）打造企业的拳头产品

除了一些影响深远的产品以外，许多企业都需要设计和营造一些"拳头"产品，以成为自己的看家菜。餐饮企业的菜品设计需要在质量上下功夫，去打造自身的品牌。如上海锦江饭店的"锦江烤鸭"，上海原静安宾馆的"水晶虾仁"，江苏天目湖宾馆的"砂锅鱼头"，南京丁山宾馆的"生炒甲鱼"等。

（3）培植特色显著的产品

品牌菜点的特色与众不同，"人无我有，人有我优"，即使是同类菜点，也会显示出"个性突出，特点有别"。如上海市瑞金宾馆的"核桃酥"，以核桃粉作馅，以黄油、可可粉作皮，口感酥香，是上海的特色绝品。南京金陵饭店的"酥皮海鲜"自研发设计投放市场后，由于其独特的风格和口味，成为自家的品牌菜品，一直风靡江苏各地。

（4）哺育经过优化的产品

菜点产品的设计优化包含着客人需求、企业形象、菜点质量、特色服务、优美环境和客人的满意度六个要素。菜品质量的优化是许多品牌企业力求打造和完善的，如某企业优化的风味菜肴有橄榄灌汤龙虾、香辣蟹味骨、秘制五粮鸭、特色烤白鱼、盐烤酒鬼虾、蛋黄薯蓉虾、一品芝麻鸡等。南京地区的许多饭店10多年来培植和打造的"江鲜菜品"，经过多年的探索与优化，已形成当地具有特色的季节产品而影响着本地和外来客人。

（5）设计创意新颖的产品

对那些不符合营养要求的、不适合现代人需求的菜点和制作工艺应加以改良，并根据现行市场的特点，不断创新，推出一些风味特色鲜明的、清洁的、符合当今时代潮流的菜点。一些餐饮企业都在各自菜点的基础上尝试着大胆的创新与改良。如风靡全国的小龙虾，几年来开发的菜品有：麦香龙虾、冰镇龙虾、咖喱龙虾、清水龙虾、酱骨龙虾、滋奇龙虾等。

（6）推广奇异独特的产品

求新猎奇是人们的一种本能，作为菜点产品的设计者，要投顾客所好，要对传统的餐饮模式进行变化，如现场表演式、开架服务式、顾客自助式、中菜西餐式以及诸如火焰菜、烛光菜、烟雾菜、桑拿菜、石锅菜等，利用与众不同的风格来赢得市场效应。如"石锅蟹粉鱼脸""樱桃鹅肝""藜麦海参""火球溜冰""冰罩北极贝"等菜品。

粒粒飘香

赏析：这是一款设计新颖、充满诗意的菜品。蒜蓉如同海边的细沙，金盏如同水中的小舟，随波荡漾，使人品尝美味时不禁联想起大海的韵味。菜品用丝网皮作盛器，托出粒粒香螺肉，也显示出富贵之气。此菜螺肉脆韧，黑椒味浓，在口味的运用方面，借鉴西餐的调味特点，使口味得到了升华。

粒粒飘香
\
南京－薛大磊－制作

鲍汁牛尾

赏析： 近几年来，牛尾制菜已较为普遍，特别是一些较高档的饭店，红烩、制汤、炖焖，皆为上品。国人常常用天麻、当归等药材一起烹制牛尾，以作滋补健身的美味良药。烹制牛尾菜品的高下之分系于质感，必须肉质酥软恰到好处，既不能硬也不能过烂。这取决于火候掌握的准确，欠一把火，过一点火，失之毫厘，谬以千里。鲍汁牛尾，火工独到，造型别致，是一款构思新颖的特色菜品。

鲍汁牛尾
\
徐州 - 柳红卫 - 制作

西施月芙蓉

赏析： 菜肴的设计可以是多种多样的，在技巧上可以相互借鉴，与点心手法的结合也可以出奇制胜。此菜以墨鱼胶为主料，用印模制成月饼造型，取金瓜制蓉熬制成金瓜汁，配搭葡萄味的珍珠醋（也称"分子醋"），两者结合，金红色的汤汁中浮动着洁白的明月，稍作点缀便神采飞扬。

西施月芙蓉
\
连云港 - 陈权 - 制作

4. 菜品技术参数的控制与别人的模仿

在当前餐饮经营中，有一个问题值得去探讨，即不少企业都担心自己设计出来的特色菜品会被别人模仿学走，反过来与自己竞争，这是大家都关心的话题。

目前企业的菜品大多雷同，也就是同质化的痕迹比较明显。但作为餐饮企业，同质化是不可避免的，关键就是看这个企业有没有设计出个性化的产品，能让人眼前一亮或百品不厌的菜肴和点心。这就是我们所讲的拳头产品或品牌菜肴。作为企业和厨师长，在经营中应该培植和设计打造几道企业的拳头产品。其实许多品牌企业这样的产品是不少的，像北京全聚德烤鸭、大董烤鸭，杭州张生记的老鸭煲，南京金陵饭店的油条，北京旺顺阁的鱼头泡饼以至于肯德基的炸鸡翅等菜品，你去模仿也是达不到这个效果的。这里有产品的配方、企业的文化内涵和厨师的技术含量在内。就说烤鸭吧，全国各地都有，各地的企业也都在做，但你的质量稳定如何？原料品质、成菜特色、口感风味是否达标等尤为重要。这不是仅仅模仿就能达到效果的。对于普通的菜品，企业应注重培训和指导，让大家都了解技术标准；而企业品牌菜品的技术参数不是什么人都可以了解和掌握的，这关系到技术管理问题，因为这是商业机密。

有一家企业的厨师长曾拿出一份"香料辣油"的配方给笔者评点。这种调制的油共用了38种香料，每种香料的配方都有具体数据，并把辣油用瓶子装好了让笔者品尝并提意见，这种调和辣油的香味、综合辣味的确不俗。试想，这种辣油如果不告诉别人配方，一般的人是很难模仿到这种口味的。四川的"紫燕百味鸡"连锁熟食店，售卖的"夫妻肺片"，是国内不少地区的人都喜爱的产品，其口感辣、麻、香、微甜的风味特色吸引了不少食客，因其调味料的配方和口感特点，是广大餐厅厨师难以模仿和学习的。常州市福记大酒店的总经理与厨师长品尝了上海某店的"鲍鱼汁"，三番五次地去品尝学习，回来制作就是难以达到这种风味。他们下决心自己研究，花了一个月的时间每天晚上加工、熬制，结果研制出更有特色的"鲍鱼汁"，在此品尝过的客人都频频叫绝。成都双流的"老妈兔头"一菜，有多少大厨和餐馆老板来品尝，有的偷偷地用瓶子将调味汁带回去研究，可怎么调制就是达不到它的效果，这有技术数据的秘方在内。

这里不妨介绍古代特色菜品的几个案例。明代张岱在《陶庵梦忆》中介绍"乳酪"时说："苏州过小拙和以蔗浆霜，熬之、滤之、钻之、掇之、印之，为带骨鲍螺，天下称至味。其制法秘甚，锁密房，以纸封固，虽父子不轻传之。"此秘制方法保密甚严，一锁二封，"虽父子不轻传之"，一方面反映了家传秘制特色产品的社会影响；另一方面则反映了市场竞争的需要。袁枚在《随园食单》中记载的秘制调味菜肴，如"王太守八宝豆腐"，碎切八宝料同入浓鸡汁中炒滚起锅。其记道："孟亭太守云：此圣祖（指康熙皇帝）赐徐健庵尚书方也。尚书取方时，御膳房费一千两。太守之祖楼村先生为尚书门生，故得之。"清代顾仲《养小录》中记有"秘传造酱油方"："好豆渣一斗，蒸极熟，好麸皮一斗，拌和。盦成黄子。甘草一斤，煎浓汤，约十五六斤，好盐二斤半，同入缸。晒熟，滤去渣，入瓮，愈久愈鲜，数年不坏。"此三个品种都有特色的秘制配方调和，是其能够影响一方、难以模仿的主要原因所在。

一个好的厨师对菜品的调料配方是需要用心去研究的，而不是做表面文章。即使人们去模仿你的菜，只要你有技术绝活和数据不对外讲，别人是难以模仿的。当然，绝大多数菜品只要知道配方是很容易做出的，这就要求对技术数据严格管理，特别是企业的品牌菜。

芥蓝蜇花螺片

赏析： 海蜇、螺片之海味与蒸熟咸肉片同炒却有一种打破常规的新意。此菜三爽并聚，配菜新颖，而利用熟的咸肉佐伴，在爽脆中又增添了几分柔性，颇有耐人寻味之感。碧绿的芥蓝素荤相配，双色双味，其装盘看似十分随意，但又层次分明，通过蜇花、螺片的配伍，爽、脆与韧性有机交融，这正是吸引人品味的关键。

芥蓝蜇花螺片
\
南京－张建农－制作

夏日小清新

赏析： 在人们的食生活中，菜品的清爽、美味是吸引人提胃的起因。将一道美味做出档次，不在于原料多么高档，而是要体现它的卖相与味感，哪怕一道普通的点心。夏日小清新，取料平常，两种面皮卷后立起装于盘中，白绿双卷，夏日食之，凉爽可口，清新雅致，此品用作凉菜，诱人之处在于自制酱汁，用红油、生抽、蒜蓉、葱花、麻油、辣鲜露等调配的酱汁，口味的绝妙才是此品的亮丽之举。

夏日小清新
\
嘉兴－李亚－制作

二、继承传统
与开发创制新品

中国烹饪有几千年的文明史，在中国烹饪发展史上，历代的烹调师们都是在继承前人传统的基础上而不断发扬光大的，就是这样历代继承，中国烹饪才有今天这个博大精深、菜点宏富的局面，才有今天"烹饪王国"的美誉。

中国烹饪文化烟如浩海，特色个性分明，由于她保持了自己民族的、地方的特色，而成为世界烹饪之林的一朵灿烂的奇葩，并博得了世界各国人民的由衷赞赏。中国烹饪的发展该如何走？保持优良传统，跟着时代的步伐，不断开拓和创新，这应是中国烹饪发展、创新的最有效的途径。

（一）保持传统特色与开发创新

1. 创新应源于传统又高于传统

中国有五千年的饮食文明史，中国烹饪发展至今是中国烹调师不断继承与开拓的结果。几千年来随着历代社会、政治、经济和文化的发展，各地烹饪也日益发展，烹饪技术水平的不断提高，创造了众多的烹饪菜点，而且形成了风味各异的不同特色流派，并成为我国一份宝贵的文化遗产。

中国烹饪属于文化范畴，是中国各族人民劳动智慧的结晶。全国各地方、各民族的许多烹饪经验，历代古籍中大量饮食烹饪方面的著述，有待我们今天去发掘、整理，取其精华，运用现代科学加以总结提高，把那些有特色、有价值的民族烹饪精华继承下来，使之更好地发展和利用。社会生活是不断向前发展的，与社会生活关系密切的烹饪，也是随着社会的发展而发展的。这种发展是在继承基础上的发展，而不是随心所欲地创造。综观中国烹饪的历史，我们可以清楚地看到，烹饪新成就都是在继承前代烹饪的优良传统的基础上产生的。

春秋时期，易牙在江苏传艺，创制了"鱼腹藏羊肉"，创下了"鲜"字之本，此菜几千年来一直在江苏各地流传。经过历代厨师制作与改进，至清代，在《调鼎集》中载其制法为："荷包鱼，大鲫鱼或鲙鱼，去鳞将骨挖去，填冬笋、火腿、鸡丝或蚌螯、蟹肉，每盘盛两尾，用线扎好，油炸，再加入作料红烧。"后来民间将炸改为煎，腹内装上生肉蓉，更为方便、合理。现江苏各地制作此菜方法相似，但名称有异，如"荷包鲫鱼""怀胎鲫鱼""鲫鱼斩肉"。江苏徐州厨师依古法烹之，流传至今的是"羊方藏鱼"。

就火锅而言，我国早期的涮肉方法见南宋林洪《山家清供》记载了一菜"拨霞供"，说他游武夷山，遇雪天得一兔，山里人只用刀切兔肉片，用酒酱椒料浸渍以后，把风炉安座上，用水少半铫，等到汤沸以后，每人一双筷子，自己夹兔肉，投入沸汤熟啖之，有团圆热暖之乐趣。他说不独兔肉，猪羊肉皆可以照此法食之。清代是古代火锅的全盛时期，因乾隆皇帝喜吃火锅。随着时代的发展，历代厨师创制了铜制火锅、铝制火锅、陶制火锅、搪瓷火锅和银锡合金火锅；按燃料不同，又有炭火锅、酒精火锅、煤气火锅和电火锅等。从型制上看，有单味火锅、双味火锅和各客火锅。其菜品原料，更是千姿百态。所有这一切都是历代厨师在继承传统的同时，又在不断地发展和开拓新品种的结果。

我国春卷的发展也是经过历代的演变而来。唐初，"立春日吃春饼生菜"，号"春盘"，每年立春这一天，人们将春饼蔬菜等装在盘中，成为"翠缕红丝，备极精巧"的春盘。当时，人们相互馈送，取"迎新"之意。杜甫"春日春盘细生菜"的诗句，正是这一习俗的真实写照。唐之"春盘"，到宋时叫"春饼"，后演变为"春卷"。饼是两合一张，烙得很薄，也叫"薄饼"，上面涂以甜面酱，夹上羊角葱，把炒好的韭黄、摊黄菜、炒合菜等夹在当中，卷起来吃，别有一番风味。以后人们发现卷起来吃不方便，厨师们便直接包好供人们食用，成为我们今日的春卷了。

我国各地的地方菜和民族菜，都有自己值得骄傲的风味特色。这些风味特色，是历代厨师们不断继承和发展而来的。如果只有继承而没有发展，就等于原地踏步走，那也许还处在两千多年前的"周代八珍"阶段；如果只有创新，而没有继承，那只能是无线的风筝和放飞的气球，就无地方、民族可言，更无价值和特色可言。中国各地风味菜点的制作，无一不是历代的劳动人民在继承中不断充实、完善、更新中才有今天的特色和丰富的品种的。

创新源于传统、高于传统，才有无限的生命力。只有弥补过去的不足，使之不断地完善，才能永葆特色。许多人在改良传统风味时，传统正宗的精华都消失殆尽，而剩下的都是花架子，显然是得不到顾客的认可的，这不是发展而是倒退，这不是创新，而是随心所欲的乱折腾，是毁誉。菜点的创新应根据时代发展的需要、根据人的饮食变化需要，而不断充实和扩大本风味特色。

需要说明的是，创新不是脱离传统，也不等于照抄照搬，把其他流派的菜肴拿来就算作自己的菜。我们可以借鉴学习，学会"拿来"，但一例菜的主要特点仍要体现本风味传统，只能是菜品局部调整使之合理变化，这种创新应该是值得提倡的。

晶莹脆皮虾
\
南京－史红根－制作

晶莹脆皮虾

赏析： 江苏地区精于虾馔，虾圆、虾饼、虾面无不香鲜可口，凤尾虾、荷包虾、清炒虾仁更是口味独特，鲜嫩无比。此菜一虾双味，一炸一炒，炸者皮脆而圆润，经久不塌不软；炒者以南京雨花春茶佐配，爽滑而白嫩，口感鲜美清香。这里特别要说明的是"晶莹脆皮虾"，此菜看似平常，制作者确有独特的配方和技艺，使其脆皮经久不软不瘪，特别讲究糊浆的调制和火候的调控，稍有不慎就会糊起孔、含油多、色泽重。正所谓，平凡之中见真功。

鸡蓉野菜包

\

镇江－潘小峰－制作

鸡蓉野菜包

赏析："鸡蓉蛋"是江苏地方的传统名菜，也是江苏烹饪技术鉴定考核的常用肴馔。如今，在传统"鸡蓉蛋"的基础上人们不断地再创作，保持原有口感嫩度，填入不同馅心，使菜肴更有品味和触感。将嫩的鸡蓉酿入模具，再镶入荠菜馅，烹制后淋入高汤，如内酯豆腐一般嫩滑。荠菜作为一种野菜，生于野地，长于野外，气息是野的，风味是香的。把荠菜引入鸡蓉内，一新口舌，风味更加鲜美。

2. 发扬传统特色与
开拓新菜品

　　继承和发扬传统风味特色是饮食业兴旺发达的传家宝。如今，全国许多大中城市的饭店在开发传统风味、重视经营特色方面取得了可喜的成绩，并力求适应当前消费者的需要，因而营业兴旺，生意红火。

　　继承传统、发扬传统，就是要立足中华餐饮传统文化的优势，充分吸收前人的烹饪技艺和经验，让传统的烹饪技艺、名菜名点的特色尽情显现。但这不是简单的复制，那些一成不变的将什么帝王宴、接驾宴之类的糟粕照搬过来，眼睛只盯着燕窝、鱼翅一类的珍稀食材和野味，是违背时代精神的，是背离社会发展的，是反人类文明的。中国烹饪的基本核心是追求与环境的友好和共存，天地人合一精神。在继承中需要一批技艺精湛的厨师队伍，既爱岗敬业，又善于博采众长，认真钻研厨艺，努力创新，敢于挖掘传统的精华，更好地服务社会、服务人民生活。

　　彰显传统、捍卫传统，自古以来就不排斥创新，历代的烹饪发展就是最好的说明。社会发展在不断地给我们提供创新的方向和途径。继承、创新、稳定、发展的一路走下去，使我们的传统不断裂，使我们的发展不离轨，在传统特色的基础上，在时代的更进中，不断地发扬光大。各地方在设计创制新菜品时，以激励人们常吃常新的消费需求，坚持地方风格特色，与时俱进，在变化中求生存，在创新中求发展，这是地方菜发展的重要原则。

　　菜品设计创作的最高境界就是"个性"。俗话说"弱者我适应人，强者人适应我"。餐饮企业突出传统的风味特色，以新颖的菜肴、个性的风格和品质质量招徕客人，并力求适应当前消费者的需要，这是餐饮企业的取胜之道。

　　谈论继承传统特色，也要敢于纠正那些不合现代时宜的老一套做法，以适应新时代的需要。20世纪70年代，人们提倡的"油多不坏菜"，如今已过时了，已不符合现代人的饮食与健康的需求。传统的"千层油糕""蜂糖糕""玫瑰拉糕"等需要加入一定量的糖渍猪板油丁，随着人们生活的变化，其量都必须适当地减少，甚至不用动物油丁。清代宫廷名点"窝窝头"现在进入人们的宴会桌面，但已不局限于原来的玉米粉加水了，而增加了米粉、蜂蜜和牛奶，其质地、口感都发生了新的变化。传统的"糖醋鱼"，本是以中国香醋、白糖烹调而成，随着西式调料番茄酱的运用，几乎都将其改以番茄酱、白糖、白醋烹制了，从而使色彩更加红艳。与此相仿，"松鼠鳜鱼""菊花鱼""瓦块鱼"等一大批甜酸味型的菜肴相继作了改良。

四川菜在今天如此火爆的场面之下，四川烹饪界在针对目前川菜现有状况时，利用自己的传统调味特点，不断开拓原材料，突破过去"川菜无海鲜"的说法。厨师们通过不断的努力，精心制作了传统风味浓郁的"川味海鲜菜"和"新潮川味菜"，为川菜的继承和发扬传统风味抒写了新的篇章。

返璞也时尚，时尚必多变。就菜品的继承而言，需要做强特色产品、打造传统品牌菜品，能适应现代人尤其是大众饮食需要的菜品。菜品的设计由简到繁，再由繁到简，人们学会了变化，从乡土菜制作的灵感，发展到地方菜、官府菜。今天，吃野菜、嚼菜根的潮流，成为美食设计的一个重要内容，各地都有特色的乡土农产品原料，诸如南瓜藤、红薯叶、马齿苋、野蕌、野荠菜、黄秋葵、藜蒿、鱼腥草、蕨菜、地耳、胡葱等田园山野蔬菜，已经成为各地餐桌上的明星。玉米、菱角、胡萝卜、山药、南瓜、红薯等，直接蒸、煮后端上餐桌，或制作特色菜点，成为现代菜品设计创新的又一主流。

（二）发扬地域特色的创新之作

菜点的制作、创新从地方性、民族性的角度去开拓是最具生命力的。透过全国各地的烹饪比赛、烹饪杂志，不难发现我国各地的创新菜点不断面市，而绝大多数的菜肴都是在传统风味的基础上改良与创新。综观菜点发展的思路，开发地方菜一般有下列几种思路。

1. 开发利用本地饮食文化史料

菜品创新如果从无到有制作新菜，确是比较艰难的。但从历史的陈迹中去找寻、仿制、改良，便可制作出意想不到的"新菜"。我国饮食有几千年的文明史，从民间到宫廷，从城市到乡村，几千年的饮食生活史料浩如烟海，各种经史、方志、笔记、农书、医籍、诗词、歌赋、食经以及小说名著中，都涉及饮食烹饪之事。只要人们愿意去挖掘和开拓新品种，都可以创制出较有价值的肴馔来。

古为今用，推陈出新，只要我们有心去开发、去研究，都可以挖掘出一些历史菜品来不断丰富我们现在的餐饮活动，为现代生活服务。

现介绍几款特色的古代菜品。

胡炮肉。北魏《齐民要术》："肥白羊肉——生始周年者——杀，则生缕切如细叶。脂亦切。著浑豉、盐、擘葱白、姜、椒、荜拨、胡椒，令调适。净洗羊肚，翻之。以切肉脂，内于肚中，以向满为限。缝合。作浪中坑，火烧使赤。却灰火，内肚著坑中，还以灰火复之。于上更燃火，炊一石米顷，便熟。香美异常，非煮炙之例。"

在早期的食谱中，《齐民要术》中所记载的菜肴虽然数量不多，但大多都是精品，制作方法也很独特，在技艺方面，利用原料的变化使菜肴内外有别、变化出新。这是一款制作独特的菜肴，其制法实际就是后来人们总结的菜肴制作的"酿制法"。此菜就是一道"酿羊肚"，即将切碎的羊肉酿入羊肚中。所谓酿制菜肴，就是将加工好的物料或调和好的馅料装入另一原料内部或上部，使其内里饱满、外形完整的一种热菜造型工艺。

酿烧菜两则。元代《居家必用事类全集》记有"酿烧鱼"："鲫鱼大者，肚脊批开，洗净。酿打拌肉。杖夹烧熟供。"二是"酿烧兔"："只用腔子。将腿脚肉与羊膘缕切，镇饭一匙，料物打拌，酿入腔内，线缝合。杖夹烧熟供。"

这两款菜肴虽然记载较为简单，但也可知其制作的工序和方法。分别是在动物原料鲫鱼和兔子腹腔内酿入其他的肉，使其鱼中有肉、兔中有羊，双料配合，口感一新。这为后代酿制菜肴的基本操作流程奠定了基础。

带壳笋。清代《养小录》："嫩笋短大者，布拭净。每从大头挖至近尖，以饼子料肉灌满，仍切一笋肉塞好，以箬包之，砻糠煨熟。去外箬，不剥原枝，装碗内供之，每人执一案，随剥随吃，味美而趣。"

这是一个制作绝妙的菜肴，在嫩笋中灌肉，依然用笋塞好保持原样，以箬叶包之煨熟，不仅笋的外形完整，口味清香，而且鲜笋与鲜肉的组合鲜美异常。

八宝肉圆。清代《调鼎集》：用精肉、肥肉各半，切成细酱，有松仁、香蕈、笋尖、荸荠、瓜姜之类，切成细酱，加芡粉和捏成团，放入盆中，加甜酒、酱油蒸之，入口松脆。

这是一款较有特色的菜品，利用8种蔬果原料加工成细料，与肥、瘦肉蓉一起拌和，制成风味独特的肉圆，多味并举，口感不肥不腻，鲜爽嫩滑，是早期特色肉圆的代表之作。

瓢柿肉小圆。清代《调鼎集》："萝卜去皮挖空，或填蟹肉、蝲蛄，冬笋、火腿、小块羊肉，装满线扎，如柿子式，红烧，每盘可装十枚。"

此菜制成的柿子非真柿，用萝卜制成柿子形，挖空再酿诸多鲜美之物，成熟后，多味并举，口味丰富。

2. 本地菜与外地菜的融合创新

广泛运用本地的食物原材料，是制作并保持地方特色菜品的重要条件。每个地区都有许多特产原料，每个原料还可以加以细分，根据不同部位、不同干湿、不同老嫩等进行不同菜品的设计操作，在广泛使用中高档原料的同时，也不能忽视一些低档原材料、下脚料，诸如鸭肠、鸭血、臭豆腐、臭干之类。它们都是制作地方菜的特色原料。

在原材料的利用上，也要敢于吸收和利用其他地区甚至国外的原材料，只要不有损于本地菜的风格，都可拿来为我所用。在调味品的利用上，只要能丰富地方菜的特色，在尊重传统的基础上，都可充实提高。如南京丁山宾馆的"生炒甲鱼"一菜，成为南京的地方特色菜之一，它是在清代《随园食单》的基础上的再创造。原文云："将甲鱼去骨，用麻油炮炒之，加秋油一杯，鸡汁一杯。"大厨们在创制时，在保持传统风味的基础上，烹制时稍加蚝油，起锅时加少许黑椒，其风味就更加醇香味美。像这种改良，客人能够接受，厨师也能发挥，而于本地风味菜则大大丰富了内涵，使口味在原有的基础上得到了升华。

在地方风味特色经营方面，无锡大饭店以无锡本帮菜为主，并分设四川、广东两大风味。在川菜的经营方面，在当地一直依循传统，不断创新。10多年来，他们采用了"请进来，走出去"的方法，多次与四川烹饪界名流广泛交流接触，从简单的引进发展到现在的引进、移植、改良和创新。

移植改良拓宽市场，生搬硬套是行不通的，毕竟无锡市民有着自己传统的饮食习惯和口味爱好，通过对宾客满意程度的了解，他们大胆地对引进菜肴在原料、做工、口味上进行改良。如针对江南人爱吃湖鲜的爱好，制作了"干煸大虾""泡菜条烧白鱼"等菜肴。在做工方面如给"樟茶鸭子"配上精饼后，使其在造型、口味上都上了一个台阶，而"芹黄鸡肉松"加上宫灯围边后成了宴席上一道脍炙人口的美味佳肴。口味上，他们根据客人的不同需求而改良，如研究创制的"乡村田边鸡""鱼香金衣卷""虾肉苹果夹""南瓜回锅肉""辣子大虾""川卤牛尾"等一系列菜肴都是受客人好评的改良型川菜。多年来不断地通过与川菜及其他各派菜系的交流学习和自身不断地潜心研究，反复推敲和不断地征求客人的意见，不断地试菜、改良，做出了一些适合社会各界、各地区以及海外游客的创新菜。如锡式四川菜，采用本地特产"太湖三白"为原料与川菜的调味和烹饪手法相结合，在保持了太湖特产鲜、嫩、滑爽的基础上丰富了口味，这些菜肴有"凉粉仔虾""酸菜白虾""麻酱游水虾""红汤香辣银鱼"等。这些菜肴的口味适应性广，已成为企业的精品特色菜肴。

3. 利用工艺变化
　　进行改良创新

　　对于传统菜的改良不能离其"宗"，应立足于有利保持和发展本风味特色。许多厨师善于在传统菜上做文章，确实取得了较好的效果。如进行"粗菜细作"，将一些普通的菜品深加工，这样改头换面后，可使菜品质量提升；或在工艺方法上进行创新，"烧烤基围虾""铁扒大虾"等，改变过去的盐水、葱油、清蒸、油炸，使其口味一新。

　　近几年来，全国各地的许多名厨对传统菜改良做出了许多尝试，而且不乏成功之作。如上海名菜"糟钵头"，在

荤素鲍鱼
\
邵万宽－摄

荤素鲍鱼

赏析： 在鲍鱼上做文章，是当代厨师设计创新的常用招式。从生态保护角度出发，鱼翅已被许多大师拒之门外，人们把主要对象放在了鲍鱼上。聪明的大师们为了求得鲍鱼的外形，设计出许多不同花样的品种，如灵芝素鲍、荔芋素鲍、冬瓜素鲍等。此品用南瓜刻成鲍鱼形，用烧煨至熟的五花肉片叠放覆盖，是一款荤素皆备的假鲍鱼，最后用鲍鱼汁烹制，其形其味以假乱真，耐人寻味，给人带来不一样的风格。

灵菇卷肉

赏析： 采用精选黑猪肉为主料，配以优质白灵菇，精工巧思，花蕊状造型。成品肉质香软、菌菇嫩滑，荤素得当，美味异常。此菜以猪五花肉调配药食两用的白灵菇，在传统菜的基础上，采用分食盛装，将其制作成似一朵花束，设计精巧，雅致得体，荤素原料的搭配，具有补益营养、增强机体免疫力，以及消积、消炎等诸多保健功效。

创始阶段是一道糟味菜，并不是汤菜；后来将其发展为汤菜，入糟钵头，上笼蒸制而成，汤鲜味香；再后来因供应量大，原来制法已不适应，又改为汤锅煮，砂锅炖，其味仍然佳美，深受顾客欢迎。

"爆炒腰花"是一款家喻户晓的传统菜，一般饭店都有此菜品，许多家庭也都会做。就猪腰而言，变化不同的技法、运用不同的调味，人们创制出麻酱拌腰花、芥末腰片、冰霜腰花等。剞腰花是具有一定的技术难度的，因此"爆炒腰花"已成为国内许多大赛的考核菜，其难度有二：一是刀工技术要求较高，讲究深浅一致，刀纹均匀；二是爆炒的火候把握，既要嫩，又不能生，也不能老，要恰到好处。一旦掌握不好，菜肴的质量就大打折扣。麦穗腰花、荔枝腰花、鱼鳃腰花等，制作工艺的变化创新，可以是花刀的变化，也可以是原料的搭配变化和口味的变化。新菜的基本功也要落实到位，否则，虽有新意，但功底不佳，导致质量有瑕疵，这就是创新设计的大忌。

内蒙古大草原疆域辽阔，牛羊成群，还有黑木耳、黄花菜、蕨菜、草原蘑菇、猴头菇、小茴香菌等山野菜，小茴香、杏仁、枸杞等是烹制内蒙古菜品不可缺少的调辅原料。传统的烹饪方法以烤、煮、汆、炸、烧为主，最能体现民族特色的是烤、煮、烧。近多年来，人们创制的金瓜牛尾、吉祥三宝、酥椒爆炒风干肉、金玉满堂、蒙古烤羊排、大汗羊方、山菌牛肉煲等，在草原大地得到了人们的广泛好评。

湘菜的特色原料豆豉，用途广泛，无论是蒸泡鲜汁还是直接使用，都是酱油、味精所不及的鲜味。湘菜的独特风味，很大程度上得益于豆豉，以及豆豉和辣椒的绝妙配合。没有豆豉，辣椒会显得很孤单，像红花没有绿叶映衬，主角没有配角陪衬。豆豉辣椒蒸排骨、豆豉辣椒蒸扣肉、豆豉辣椒蒸鱼、豆豉辣椒炒苦瓜、豆豉剁椒蒸香干，数不清的经典湘菜，几乎都离不开豆豉。可以说，掌握了豆豉的用法，就探窥到了湘菜的秘诀。湘菜师傅在加工豆豉上，先将买来的豆豉蒸发，一定要蒸透，使豆豉内外都软化，再放到烧热的茶油里过一次油，香味泌出后捞起来放入调料盒，盖好盖子，便可经久使用。过了油的豆豉外形饱满，豉香浓郁，不会干瘪变硬，用起来更便捷，这是加工工艺的美妙，可以制作不同风格的豆豉菜品。"剁椒蒸鳙鱼头"，简称"剁椒鱼头"，是近20多年来设计制作的湘菜头牌。它充分体现了湘菜酸、鲜、辣的特色。剁椒用经过发酵的剁红辣椒，有时也用酸辣味更浓的酱辣椒，酸辣、鲜辣俱备。在制作工艺上，"剁椒鱼头"的美妙，一在于蒸；二在于鲜。因其调料使用比较多，但如果把握得不好，也容易让调料抢了鱼的风头，弄得喧宾夺主，就体现不出鱼的风格特色了。

姿色木瓜虾
\
连云港 - 陈权 - 制作

姿色木瓜虾

赏析：连云港对虾是江苏名特产品，取对虾中段虾肉制成虾蓉，调味上劲做成虾饼，拍面包糠炸熟，头、尾用油浸熟。用木瓜蓉调制，打破传统的制作方法，利用变化味型之法使虾味焕然一新。木瓜的香甜、对虾的鲜嫩，不仅色泽雅致，而且营养丰富，这是取水果菜烹制之长，确有南方风味之优。

沙律乳猪件
\
无锡－施道春－制作

沙律乳猪件

赏析：烤乳猪是我国传统菜品，若乳猪单吃感觉比较肥腻，制作者匠心独运，配置沙律成菜，可减去许多油腻感，为最佳餐前冷碟。用简易的土豆丝雀巢装配，既方便食用，又分化乳猪件的油腻，反而觉得爽朗舒心。菜品的创新组合，永远没有不变的模式，而此菜的中西交融，推陈出新，却获得了意想不到的效果。

三、菜品设计
与"包装"翻新

菜品设计是一门综合的技术。将菜品做成后在盘子里呈现的造型是否好看，在视觉上有吸引力，这是需要一定的艺术功底的。从另一方面来看，菜品盛装能让人眼前一亮，就能透过摆盘显示出厨师的艺术眼光。在国际的烹饪比赛中，厨师的艺术眼光是主要评分项目之一，因为艺术化的摆盘可以让食物的价值加倍提高，并且大大激发宾客的食欲。

盛放食物的器皿务求精致美观，目的和艺术化的造型差不多，也可以提高食物的价值感。身为一个美食设计师，对食物的色香味把握得很准，这是最起码的本事。在色香味之外，对形、器有认识、有概念，也是一门必修的功课。当你色香味形器的鉴赏能力全面具备后，你对菜品的设计就会有一番新的认识。对于此，美食设计师有待努力的地方还真是很多。

（一）美食与美器的结合

真正善于思考的烹调工作者，他的想象力远较平常人丰富。菜品创新虽然不同于尖端科技的研究，但考虑到市场经济条件下的商品化要求，菜品创造也应注重丰富的想象，即在创意构思时要注意推敲消费心理。

社会经济的发展，人们的生活水平不断提高，随之对饮食菜品的器具越来越讲究，色雅得体的餐具，常常给菜品带来十分美好的感觉。越是高档的餐饮场所，对餐具的追求越要上档次。如今，饭店餐具的配置体现了饭店的档次、菜品的级别、特色以及雅俗的程度。

中国餐饮器具的发展经历了漫长的历史过程，从最初的陶器、铜器、铁器、漆器到金银、玉、牙骨、琉璃、瓷等质料制作餐饮器具，其中陶、铜、漆、瓷最为普遍。自古以来，食器的变化比较大。最初，食器主要因功能不同而分化。如因盛放主、副食的需要，出现了用以盛饭和羹的簋、簠、盨，盛肉食的鼎、豆，盛汤的罐、钵，盛干肉的笾，盛放整牛、整羊的俎及盛放干鲜果品、卤菜腊味的多格攒盒等。后来经过演变、规整，终于形成了现在的盆、盘、碟、碗等类餐具。古代宫廷、官府等贵族们使用的食器有金银、玉、玛瑙、水晶、琉璃等高级餐具，其食器的美感也是促使食器翻新的主要因素。器、食之配合，既有一肴一馔与一碗一盘之间的配合，也有整桌宴馔与一席餐具饮器之间的和谐。而今，中国食器的发展无论是从制作工艺、观感和特色方面还是在材料质地、品种和造型方面都发生了新的变化。

谈中国菜品的创新，不能忽略了菜品配器的革新。红花要绿叶配，好菜要有好器装，当一盘色形味美的菜品配上一个不合时宜的低等或缺损器皿，自然损害了菜品的整体水准。反之，一盘普通的菜品，配上雅致质优的器具，更能体现菜品的规格档次。这正是古人所言"美食不如美器"的道理。新创菜肴假如配上美观大方、别具一格的餐具，必定能引起人们的强烈反响并产生新奇的效果。

从菜品器具的变化中探讨创新菜的思路，打破传统的器、食配置方法，同样是能够产生新品菜肴的。利用器具创新菜品的思路，与其他创制菜肴方法所不同的是，它能为开发系列菜品提供有效途径，并且造福于全人类。如中国传统的炖品，以其肉质酥烂、汤醇鲜香、原汁原味的风格为全国各地人民所钟爱。改革开放以后，不少厨师在西方菜品制作的基础上，别出心裁地效法西餐的汤盅派生出了"炖盅"之品，使"炖"与"盅"两者有机融合，盅内放入加工好的多种原料，放入高汤，入蒸、烤箱中炖之，这种器具的变换，由原有的大炖盆（钵）的共食开创出利用汤盅"个食"的方法，并产生出了一种独特的"盅"类餐具。由于炖盅的推出，聪明的厨师们利用"汤盅"（或炖盅）的个性特色，与厂家一起又开发了各不相同的炖盅器皿。在造型上有无盖和有盖的盅，并有南瓜型汤盅、花生型汤盅、橘子型汤盅等，在特质上有汽锅型汤盅、竹筒汤盅、椰壳汤盅、瓷质汤盅、砂陶汤盅等。

在炖盅菜品的基础上，近年来有心的厨师结合小型炉的造型，创制了"烛光炖盅"，将炖盅餐具又作了新的改良：下面设置为类似的小型炉灶，如炖盅大小，中间放上扁型短红烛，上面是炖盅菜品，点燃蜡烛，既起保温作用，又起点缀作用，增加了就餐情趣，这是近10多年来高档炖品最常用的品种。这种餐具一进入桌面，便引起广大就餐者的共鸣。此餐具设计新颖，特色分明，也给菜品带来了新鲜感。

创造既要以熟悉的眼光去看陌生的事物，又要以陌生的眼光去看熟悉的事物。只要我们勤于思考，去寻找有益的东西，开发新菜品，定会吸引广大宾客，1983年11月，中国第一届全国烹饪名师技术表演鉴定会上，重庆代表队拿出的一款变化器具的新作"鸳鸯火锅"（双味火锅），创作者将清汤火锅和红汤火锅两种味道不同的火锅有机组织起来。以前一直是单味锅，这种变器，使传统的火锅一下子就有了新意。这不仅开创了"双味火锅"的新思路，而且格调也更高雅，又便于顾客选择。

由"砂锅"到"煲"类再到"铁煲"，随着时代的发展，食用的器具也在不断地变化。砂锅有大有小，煲类品类繁多，铁煲是铁板与煲的结合，有不同规格，这些器具的合理运用，确实丰富了人类的饮食生活，给人们带来了许多饮食的乐趣。

菜品的变化从器具出发可以使其焕然一新。许多烹调师在器具的变化上倾注了不少心血。无锡湖滨饭店范伯荣师傅，在生前设计"乾隆宴"菜单时，他多方采集、搜集资料，与饭店同仁一起设计出了一套带有无锡地方特色又有宫廷气派的"乾隆宴"。在器具的变化上，他们设计的"龙形拼盘"餐具，整个盘具是一条"S"形长龙，"龙盘"是由12件组成，龙头、龙尾各为一件，龙身10段实际就是10碟盘组成，揭开龙身10碟盖，下面是一白底色的圆柱形餐具，10味冷菜拼摆其中，盖上盖俨然是一条生机的长龙，揭去盖又是一组10味拼盘，由于独特的造型餐具，使整个"乾隆宴"气势非凡，产生了与众不同的饮宴特色。

多年来，不少厨师刻苦钻研，在餐具的运用上动了不少脑筋。许多厨师们设计菜品时，为了营造菜品的独特气氛，经常到商场、百货公司寻找作为装饰用的玻璃器皿，许多制作精细、造型别致的玻璃器皿，借用到菜品中，可起到意想不到的效果，如天女散花、百年好合、热带鱼以及各式抽象造型等器具，透明可鉴，赏心悦目，菜品配上它，更加生机盎然，熠熠生辉。许多菜点只有在玻璃器皿中才能显现出它完美的风格与个性。

与传统中餐餐具协调美、整体美所不同的日本餐具是特别讲究"变化"的特色的，这也是日餐"目食"的主要缘由，日餐菜品不仅色彩鲜艳、美观而且所体现的是器具的变化多端，款式多变，陶瓷、玻璃、不锈钢、竹、木、蔑等多种并用，形态各异，这是值得我们学习和借鉴的。

如今，菜品配置的餐具就其风格来说，有古典的、现代的、传统的、乡村的、西洋的等多种，不同的特型餐具，为我国菜品的出新提供了用武的场所，未来食器的发展，还有待于广大烹调师们不断地去努力、去设计、去描绘。

鱼汤鳜柳干丝
\
南京 - 薛大磊 - 制作

鱼汤鳜柳干丝

赏析： 做菜贵在"用心"。即使是普通的鳜鱼干丝，倘若取料、取器比较独特，也同样可以将普通的菜品打造得风姿卓然，增加新的卖点。运用黑色的日式器皿装入洁白的食品，颜色搭配黑白分明，立体感强，自然能够吸引食客的眼球。从口味来看，一嫩一韧，咀嚼感好：鱼汤的鲜、鱼丝的嫩、白干的豆香彼此相配，的确是一款雅俗共赏的菜肴。

蛏王蒲菜里脊丝
\
南京 – 张建农 – 制作

蛏王蒲菜里脊丝

赏析: 本品是三种原料一起烩制的菜肴,这从菜名中就可反映出来。此菜的设计取用独特的黑色带把手的餐具,衬托白色的蒲菜、蛏子,从色彩上看黑白分明,加之餐具的别具一格,确实可给人耳目一新之感;从盘饰上看,蒲菜垫底、摆放整齐,蛏子围摆一圈,里脊丝盛放中间,菜肴的品相无可挑剔,这就可以赢得顾客的青睐。菜品的设计就在于用心,普通的菜肴只要出品清爽,看了舒服,就自然有了卖点。

（二）配饰与包装的妙用

一盘美味可口的佳肴，配上精美的器具，运用合理而独特的装饰手法，可使整盘菜品熠熠生辉，给人留下难忘的印象。那些与众不同、精巧美观、惟妙惟肖的盘饰包装也是菜品创新的一个不容忽视的创作途径。

中国菜肴的风格千变万化，争奇斗艳，各具特色的盘饰和造型百花竞放，那体现食物原料的营养价值和本来风味的"原壳原味菜"与巧配外壳、渲染气氛的"配壳增味菜"以及情趣盎然、赏心悦目的"盘边装饰"与古色古香、各具风姿的"精巧餐具"的有机结合，使得中国菜肴的配饰造型与装盘绚丽多彩、不拘一格而十分诱人。倘若从装饰手法的角度作为一个突破口去革故鼎新探讨菜肴，也不失为菜品创新的一种良策。这正是中国菜品"配饰"创新之法。

利用原壳盛装原味菜品的"配饰"方法是指一些贝壳类和甲壳类的软体动物原料，经特殊加工、烹制后，以其外壳作为造型盛器的整体而一起上桌的肴馔，如鲍鱼、鲜贝、赤贝、海螺、螃蟹等带壳菜品。

而今，原壳装原味的菜品，较有代表性的首推山东名菜"扒原壳鲍鱼"。其特色即是将扒好的鲍鱼，又盛到鲍鱼壳中，装入盘里。由于原壳内盛鲍鱼肉，别致而新颖，颇得宾客的欢迎。此制将鲍鱼壳用碱水涮洗干净，再把鲜鲍鱼切片，加高汤、精盐、冬菇、火腿、绍酒等，烧沸至熟后，捞出分别盛到壳内，再用汤汁加水淀粉勾芡，淋上鸡油后即可装入鲍鱼壳中。盘中垫上生菜丝，以稳住鲍鱼壳，食用时每人一壳，造型优雅，肉嫩、汤白、味鲜，富于营养。

根据"原壳鲍鱼"之法，江苏的厨师还根据"配饰"

方法创制了"老鲍怀珠"和"鹬蚌相争"等菜。"老鲍怀珠"是将鲜嫩的鹌鹑蛋嵌入鲍鱼腹内，配上菜心，并以鲍鱼外壳盛之，取法自然，色彩缤纷，不仅造型独特，而且滑嫩爽口。"鹬蚌相争"系用鲍鱼与鸭舌，将鸭舌插入鲍鱼中，制成鹬蚌相争的彩图，互不相舍，正等渔者擒而得之。渔者何在？举箸食客者也。席间自然趣味横生，赏心悦目。此菜用鲍壳盛装，象形会意，鲜嫩味美，确是创作之佳品。

"原壳海螺""雪花蜗牛斗""清蒸原壳鲜贝""蒜蓉青口贝""蒜蓉蒸生蚝""豉汁蒸生蚝"等都是一胎而出的同类菜，先将壳肉用刀刮至分离，用水冲洗，投入适当的调味料后，烹熟至鲜嫩即成。

蟹壳装蟹肉，又是配饰法创制菜肴的典型品种。江苏名馔"雪花蟹斗"与"软煎蟹盒"确是菜品配饰中独特的菜例。"雪花蟹斗"以洗净的蟹壳为容器（称斗），内放主料蟹粉，在上盖发蛋，色白如雪，蟹油四溢，蟹粉鲜肥，再加上火腿末等配料的点缀，鲜艳悦目，色、香、味、形、器具备。"软煎蟹盒"取大小均匀的蟹壳，放入沸水煮沸，捞出晾干后，用油涂抹蟹内壳，将炒制的蟹粉放入蟹壳中，另将蛋黄糊均匀地涂在蟹粉上，放入浅油锅内，壳背朝上放入油锅中，中火煎炸到糊结软壳，起锅排入锅中，配上香菜、姜丝、香醋佐食。此菜色泽金黄透红，蟹肉鲜嫩香醇，别有一番风味。

配壳装饰法是较为独特的创新手法。它是利用经加工制成的特殊外壳盛装各色炒、煎、炸、煮等烹制成的菜肴。如配形的橘子、橙子的外皮壳，苦瓜、黄瓜制的外壳，菠萝外壳，椰子壳，用春卷皮、油酥皮、土豆丝、面条制成的盅、巢以及冬瓜、西瓜、南瓜等制成的盅外壳，等等。用这些不同风格的外壳装配和美化菜肴，可使一些普通的菜品增添新的风貌，达到出奇制胜的艺术效果。

橙、橘作盅。早在我国宋代就出现的菜肴"蟹酿橙"，即是将蟹肉、蟹黄等酿入掏去瓤的橙子中，以橙子皮壳作为菜肴的配器，其色之雅、形之美，使人眼前一亮。此菜的制作在我国古代产生了一定的影响。近20年来，广大厨师利用"配饰"方法创制的"橘篮虾仁""橘盅鲜贝"等菜，取"蟹酿橙"之意，将炒制的虾仁、鲜贝等直接装入橘篮中，食用时每人一篮，鲜爽可口，特色、风味显然。

土豆丝、粉丝、面条作巢。用土豆丝、粉丝、面条等制成大小不同的雀巢，也是吸引宾客的盘中器，将成菜装入巢壳中，再置放于菜盘中，大巢可一盘一巢，供多人食用；小巢可每人一巢，一盘多巢。大巢可装入长条形、大片类的炒菜，炒鳜鱼条、炒花枝片等；小巢可盛放小件炒菜，如虾仁、鲜贝等。若用面条需煮熟软后，排成一定的花纹，炸制成熟后，像编制的小篮、小筐，编排整齐有序，盛装菜肴，美观至极，增进食欲。

冬瓜、南瓜、西瓜作汤盅（盘）。取用冬瓜、南瓜、西瓜外壳作盘饰而制成的冬瓜盅、南瓜盅、西瓜盅，此名为"盅"，实为装汤、羹的特色深盘。它是配壳配味佳肴的传统工艺菜品，其瓜盅只当盛器，不作菜肴，在瓜的表面可以雕刻成各种图形，或花卉，或山水，或动物，可配合宴席内容，变化多端，美不胜收。瓜盅内盛入多种原料，可汤肴，可甜羹，可整只菜，多味渗透，滑嫩清香，汁鲜味美，多为夏令创新时菜。

用食品外壳配饰菜品，可使较普通的菜肴增加特殊的新意，它能化平庸为神奇，达到出神入化的艺术境界。诸如此类配壳增风韵的品种还有很多，如椰子壳、香瓜盅、苹果盅、雪梨盅、番茄盅、竹节（筒）等。在菜肴制作中，如能合理运用、巧妙配壳，应是菜肴创新的一个较好的思路。

一款货真价实、口味鲜美的菜品，配上雅致得体的盘边装饰，可使菜肴充满生机。运用"配饰"方法创制菜品，不仅使菜品具有新意，而且可增加宾客的食趣、情趣、雅趣和乐趣，获得物质与精神双重享受和效果。

饭店的菜品是商品，从配饰法的角度创制菜品，比较适合现代人们的进食需求。现代商品学告诉我们，完美的商品需要有好的包装装潢的设计，它既能美化商品，又能树立商品形象，所谓"货卖一张皮"。不好的包装和没有包装装潢则使菜品显得土里土气，没有生色，而适当包装盘饰，可起到美化菜品、宣传菜品、使菜品生辉的效果。

运用"配饰"方法应根据菜肴特点，给予必要和恰如其分的美化，也是完善和提高菜肴外观质量的有效途径。通常这种美化措施是结合切配、烹调等工艺进行的。多年来，创制菜品美化菜肴的方法突出盘饰包装，使菜品创新开发了一条新渠道，把美化的对象由菜肴扩展到盛器；把美化的幅度由菜肴延伸到菜盘周围，显示了外观质量的整体美，提高了视觉效应，起到了锦上添花的艺术效果。

配饰美化不能影响菜肴本身的质量、卫生。配饰包装的合理配置，从而使整体菜肴出现一种新的优美式样，产生一种新的意境，使配饰后的菜肴显得清雅优美，更加瑰丽。

我们应清楚地了解，菜肴的盘边配饰只是一种创新表现形式，而菜品原料和口味则是菜肴的内容。菜肴的形式是为内容服务的，而内容是形式存在的依据。如果"配饰"的存在只单纯让人欣赏，只突出"配饰"的雕刻和拼装的技艺，而忽视菜肴本身的价值和口味，那就失去了菜品的真正意义。

金瓜双色豆蓉

赏析: 利用蒸熟的小金瓜作器皿,色泽金黄,并助食用。此菜取用传统的"双泥"烹炒,搭配成双色,巧妙地拼装成太极图,使其黄、白、绿三色鲜明;青豆、山药还具有良好的营养与滋补作用。此菜因"皿"生妙,从外观之,俨然一个完整的小金瓜,待揭盖食之,蓉泥可食,瓜亦可食,充满雅趣。

果香凤脯
\
扬州－杨耀茗－制作

果香凤脯

赏析：这是一道十分诱人的甜酸味佳肴。该菜品的设计是较为用心的，以鸡脯肉为原料，在茄汁的运用上，芡汁用量适中，色彩浓淡相宜。油炸而成的粗面条呈圆柱形，整体构思独特而新颖，裹上茄汁，口感香甜酥脆，外观晶莹剔透，特别适合妇女儿童食用。

（三）菜品与造势的强化

俗话说："天上不会掉下馅饼"，凡菜点创新机遇都属于有追求的人，如果你能随时留心洞察各种新奇现象，就可能有机遇女神前来敲门，那些新的菜点也就有可能在你身边出现。

打破常规，营造气氛，是以奇取胜制作新菜的重要一环。创造性的表现之一，就是立足于改变规则，敢于向传统规则挑战，善于根据需要另立新规。

近20年来，餐饮业流行着"不奇不怪，宾客不爱"的口头禅。菜肴的特色是店家的根本，店无特色不活，菜点制作"特"者胜，市场竞争"特"者富，饭店餐饮应在"新、奇、特"上下功夫、做文章。如何"特"，从铁板菜到锅仔菜，从仿古菜到乡土菜，从药膳菜到中西结合菜……一招一式、一款一味不断地推出，但始终满足不了不断发展的社会和人。出奇制胜固然可喜，但从无到有难矣！我们不妨打破常规，从菜品的气势上入手，营造一种独特的餐桌气氛，以达到出新的效果。

菜品造势的思维方式，即是利用独特的烹饪技艺或借助一些奇特的效果来制造新的风格，以渲染菜品气势，迎合顾客的好感、好奇，达到调动客人就餐情趣的目的。利用造势法创新菜品，不仅能使顾客欢心和喜爱，而且还能使饭店赢得竞争的优势。由于此法风格独特，因而十分吸引人。

探寻祖先们的饮食生活，人类从"石烹法"开始走向烹饪的社会。所谓"石烹法"，即以烧热的石块，投入有食物的水中，到水沸食物熟为止。当今陕西的"石子馍"、山西的"石头饼"，都是明显的"石烹"遗风。如今聪明的烹调师借助"石烹"之气势，利用古风，推出了"石烹"系列菜。因烤得发烫的鹅卵石与水结合蒸发产生蒸汽，人们俗称其为"桑拿"菜，类似于"桑拿浴"。如桑拿基围虾、桑拿生鱼片等。当烤烫的鹅卵石放入耐高温的玻璃器皿中，倒进活虾，浇上兑好的卤汁，盖上盖，待烫熟打开盖子，餐桌上蒸汽弥漫，热气腾腾。这种以"噱头"之奇而取胜者，确实能给初尝者留下很深的印象。

用火焰加工烹制菜肴，以渲染气氛，这也是一种"奇招"。如"火焰焗螺"，用炒熟的细盐，堆于盘中似火焰山或雪山，将田螺加工、调味焗熟后，带壳装入盘中，在盐山下、螺壳外、菜盘上倒些雪梨酒，点上火上桌，既保持菜肴之温度，又带来"噱头"，产生了以奇魅人的效果，诸如此类，如"火焰焗鳜鱼"，用锡纸包好调味的鱼后烤制，或锡纸盒中放入烧煮的鱼，再装入盘中，在锡纸外、盘子上倒上酒或酒精，点燃火上桌，也起到异曲同工之效。

从无到有，借鉴他山之石也可以产生新奇之作。引进西方的"客煎烹制"中的"燃焰表演"，其目的是取悦客人，为客人提供乐趣，如苏珊特煎饼、火焰香蕉、火焰草莓等，利用燃焰手推车及一套锅、叉勺、盘碟设备，这在一些豪华饭店已采用，这也相当于现代流行的明炉、明档的客前表演。

我国传统菜品有许多独特的造势菜肴，其制作设计巧妙，工艺精良，特色分明，匠心独运，给人们留下的印象也是非常深刻的。

松鼠鳜鱼。鳜鱼去骨取肉，剞花刀，制成松鼠形，其形、声的特色，成为中国菜品中的"精品"。此菜精华在于以"声"夺人，吸引众多食客品尝，参赛时评委们常以声响的气势评判运用火候的程度。

拔丝苹果。一道流传海内外的甜菜，也是闻名全国的特色甜品。用糖熬制拔丝，金丝缠绕，香甜可口，外焦里

凉口鸡丝
\
嘉兴 - 李亚 - 制作

凉口鸡丝

赏析： 这是一款鸡丝冷凝凉菜，多么普通的菜肴，但在美食设计师手中就变得那么华彩。将那平淡的原料，配上绝妙的装饰，便锦上添花。冷凝冻类菜肴在我国明代就已十分流行，古人多用肉皮的胶质使其凝固。此菜采用明胶，将煮熟的鸡脯肉手撕成细丝，配上碧绿的西芹丁凉拌而成。设计者准备了四只洗净的整形鸡蛋壳，把凉拌鸡丝塞进蛋壳，将鸡汤烧开，加入明胶片，用小火烧开，待冷凉后倒鸡汤汁于蛋壳内，放入冰箱冷却成形。上桌时用干冰渲染气氛，撩拨客人的心弦。

海鲜干捞粉丝
\
南京 - 王彬 - 制作

海鲜干捞粉丝

赏析： 粉丝是普通之物，通常不入大雅之堂，但变换一下口味，提升调味品的档次，再与海鲜相配，就是另外一种风格。制作此菜的关键是小火的煸功，煸得香，又不粘锅，口感自然美不胜收。虽说原料平常，多种海鲜原料配制后并将其调味融入粉丝中，就有越嚼越香的触感和滋味，食用时口感交叉变化，爽、嫩、香、鲜并举。用深黑色的容器装载，下面用以保温，微微的烛光下边加热边取食，在特殊优雅的环境中，享受着边食边烹的乐趣。

嫩，特色鲜明，并富有趣味，食用时你拉我扯的金丝，丝丝分明。这种造势效果，颇得食用者的青睐。

灯笼鸡片。这是一款渲染气氛的菜品，用大方块玻璃纸包入与胡萝卜、香菜炒制的鸡片，用红绸带扎紧收口，放入较高油温的锅中炸至玻璃纸鼓起成灯笼状，连盘上桌，气氛热烈，激发了顾客的就餐热情。

利用烛光造势法制作菜点，就是借助蜡烛点燃后发出的微微、红红的光线，用来衬托菜肴，显现菜品的独特风格。烛光菜品在成菜以后，配上细小的或短小的红烛入席，以营造餐桌浓郁的气氛，尤其是在晚上，用餐环境亮度略暗，点亮蜡烛，映着烛光，装饰在菜品中间或旁边，增加用餐的情趣和亮度，显示出餐厅高雅与幽静的环境，调节愉悦的心情。在情侣之间、朋友之间、夫妻之间营造出一种温情、友情和亲情，其价值已超越菜品本身，给人以遐想、给人以欢乐、给人以友谊，体现了现代餐饮之典雅气派。

利用烟雾造势创制新品，风格殊异，不仅儿童好奇，成人也颇感蹊跷。烟雾菜品，借助烟雾来渲染，使人如临仙境，大有排场胜于味道之趣。菜品运用烟雾，最初是由舞台灯光布置移植而来，最早用在食品展台展示菜上，近20年来开始应用到菜肴创制上面。既可以放在菜品左右旁边，也可以放在菜品的下面。将特色的烟雾菜品送上餐桌时，服务人员不仅仅端上了一盘菜，而是带来了梦幻般的仙境，给人出神入化之感。其实相当简单，乃是干冰加水所产生的杰作。

在菜点制作中，我们为什么很难出奇？一个重要的原因是，我们现实中有着"遵守规则"的习惯。封闭的社会常常鼓励那些循规蹈矩的人，对企图改变现存规则的想法和行为，往往视为不守本分或"大逆不道"，结果，人们觉得遵从规则比向规则挑战要安全、可靠、愉快得多。但是如果你拥有取胜心和创造力，那么，"遵守规则"不图创新的价值观，就是一种心理枷锁，或是一种创造的障碍，因为它代表的是一成不变的观念和无所作为的人生。

菜品的变化与造势是突出观感效果，但菜品的主体是食用，而造势的强化一定是在安全、美味、营养、卫生的前提之下的，否则就会适得其反。

四、古今菜品设计
创新案例选粹

　　我国古代菜肴的制作是随着社会的发展而不断地变化出新和丰富多彩的，不同时期都涌现出许多异彩纷呈的品种。就食品原料的利用情况来看，从原料的组合变化再到以假乱真的替代变化，使得历代菜肴新的风格时时展露、创新佳品频频出现。它为近现代中国菜肴的制作工艺奠定了坚实的基础，也为后来的菜肴创新开辟了广阔的途径。

　　在琳琅满目的古代食谱中，冷菜、热菜、糕点、小吃花样繁多，各种不同的烹调方法繁花似锦。要说古代的中国菜肴特色最鲜明的不仅仅是品种多、方法精，更体现的是技艺绝。通过对我国古代菜肴的检索研究，发现不同时期的菜肴翻新，最引人入胜的体现在主辅原料的变化上，一盘菜肴内外不同原料的变化组合就可能出现意想不到的效果，这就是古代菜肴革新的技巧。通过这些不同技艺、不同手法的变化，也为我国古代菜肴工艺变化出新和花样繁多奠定了基础。在对这些菜肴的分析中，不难看出中国古代厨师的聪明才智和不断革新的创作精神。

（一）古代菜品的变化与出新

　　查阅古代的食谱与食单，从菜肴的制作技艺来分析，历代菜肴的变化与突破大多从食物原材料开始。一个菜肴，更换主料或辅料就会出现奇迹。古代厨师们善于从菜肴的原料中加以变化，如把原料内部的材料挖出，换上其他原料，做成与原来一样的模样，食用时给人耳目一新之感。从北魏时期开始，就有如此这般操作，为菜肴的制作开创了新的局面。在菜肴制作中，配菜得当可使菜肴锦上添花，还会起到巧夺天工的效果。古人常常在烹调中利用原材料变化的技巧，创制出一些新式的肴馔。它为中国菜肴的丰富多彩、变化多端的特色增添了绚丽的色彩。

1. 主食与副食

原料组合翻新

古代人在菜肴制作中常常利用主食原料如米、面来组配菜肴，使其达到一个全新的效果。在两千多年前的周代，周天子食用的八种菜肴（号称周代"八珍"），前两味"淳熬""淳母"，即是稻米肉酱饭和黍米肉酱饭。这是首开我国主副原料组合创新菜品的先河。菜品的组合变化出新，就是重新组合菜品的各式原料和工艺，通常要综合运用原料重组、外形重组、工艺重组和馅料重组等嫁接艺术。

唐代"浑羊殁忽"是利用糯米饭与羊、鹅结合的菜品。宋代《太平广记》转引《卢氏杂说》云："……取鹅，燖去毛，及去五脏，酿以肉及糯米饭，五味调和。先取羊一口，亦燖剥，去肠胃，置鹅于羊中，缝合。炙之。羊肉若熟，便堪去却羊，取鹅浑食之，谓之'浑羊殁忽'。"这是用整只羊制作的菜肴。首先是按用膳的人数杀子鹅若干只，烫去鹅毛，掏出五脏，将肉和糯米饭用五味调和好，装在鹅腔内。再杀一只羊，剥皮，掏去内脏。把子鹅装入羊腹，用线缝合好，再用火烧烤。烤熟后，皇帝只将子鹅取出食用。此菜工序复杂、繁琐，子鹅鲜嫩而香，并伴有猪肉和糯米以及羊肉的鲜美。

主副原料之间的组合变化可使菜肴的风格焕然一新。与"浑羊殁忽"有异曲同工之妙的还有《清稗类钞·饮食类》中的"蒸鸭"："以生肥鸭去骨，用糯米一杯，火腿、大头菜、香蕈、笋丁、酱油、酒、麻油、葱花，装入其腹，外用鸡汤，置于盘，隔水蒸透。"这里将"羊"改成了

"鸭"，其外形变小，更适合餐桌之用。此菜后来演变成"八宝糯米鸭"，流传全国。

利用主副食原料的组合变化在古代不在少数，而且荤素菜品均可。《食宪鸿秘》中有"灌肚"："猪肚及小肠治净。用晒干香蕈磨粉，拌小肠，装入肚内，缝口。入肉汁内煮极烂。又肚内入莲肉、百合、白糯米亦准。"《调鼎集》中有"香糟豆腐如意卷"："半干腐皮，或包米粽，或裹豆沙，或包素菜，各卷成粗笔管大，三卷合成，再用大腐皮一张，将三卷叠成品字，入油炸，捞起切段。"无论是荤菜还是素菜，不同原料之间的有机组合与变化，可为菜肴工艺的革新提供较好的创作之路。

古人在面条的制作方面，大胆运用主副食原料之间的优势，开创了许多新款面条。唐代时出现的"槐叶冷淘面"是用嫩槐叶取汁和面。宋代《清异录》中的"云英面"："藕莲、菱、芋、鸡头（芡实）、荸荠、慈菇、百合，并择净肉，烂蒸之。风前吹晾少时，石臼中捣极细，入川糖、熟蜜，再捣，令相得，取出作团。停冷性硬，净刀随意切食。"这是利用淀粉量较大的原料与肉一起拌和而制成的风味面条。

《居家必用事类全集》中记载了"山药面"和"翠缕面"，分别用山药、槐叶汁和面，是继承前代的传统。"山药面"曰："擂烂生山药，于煎盘内用少油摊作煎饼。摊至第二个后不用油。逐旋煿之。细切如面。荤素汁任意供食之。""翠缕面"即是唐代制作的继续："采槐叶嫩者，研自然汁。依常法搜和。扞切极细，滚汤下。候熟，过水供。汁荤素任意。加蘑菇尤妙。味甘色翠。"

明代制面技术得到了很大的发展，如《宋氏养生部》中就有"豆面""槐叶面""山药面""菜菔面""鸡面""虾面""鸡子面"诸种，人们在和面时加入不同的荤素原料，其口感别有风味。如"虾面：取生虾捣汁滤去滓，和面，轴开薄摺之，细切如缕。余同前制。其滓投鸡鹅汁中，滤洁，调和为汤。"

进入清代，李渔在《闲情偶寄》中也专列内容阐述他制作的"面条"，"以调和诸物，尽归于面，面具五味而汤独清"的"五香面""八珍面"，这是两种特色面条。在和面时掺入鸡、鱼、虾之肉及笋、蕈、芝麻、花椒之物，都是以面条本身味的变化而取胜的。这种既吃面又食汤，面有料汤有味，可以说是面条制作中的珍品。

清代《调鼎集》中出现的"馓子炒蟹肉"，是将"脆馓子拍碎，同蟹肉炒，加酒、盐、姜汁、葱花。"此是菜肴与点心两者组合创新的典型范例。

2. 主料与辅料组合变化翻新

我国古代多料组合创新的菜品，最出色的要数《清异录》中的"辋川小样"："比丘尼梵正，庖制精巧，用鲊、鲈脍、脯、盐酱瓜蔬，黄赤杂色，斗成景物。若坐及二十人，则人装一景，合成辋川图小样。"这是我国最早的大型花色拼盘，用多种荤素原料经烹调加工，搭配不同的颜色，制成辋川景物图。它开创了我国花色冷拼制作的先河，不仅具有较高的艺术性，而且能分能合，口味多变。

在原料的组合方面，我国古代有许多较好的菜例。如《随园食单》中的"芙蓉肉"："精肉一斤切片，清酱拖过，风干一个时辰，用大虾肉四十个，猪油二两，切骰子大，将虾肉放在猪肉上，一只虾一块肉，敲扁，将滚水煮熟撩起；熬菜油半斤，将肉片放在有眼铜勺内，将滚油灌熟，再用秋油半酒杯、酒一杯，鸡汤一茶杯，熬滚，浇肉片上，加蒸粉、葱、椒、糁上起锅。""芙蓉肉"是猪精肉与大虾的组合，两者和合敲扁，肉中有虾，虾中有肉，合二为一，甚为神奇，口感多味并举，滑嫩鲜香，这是菜肴原料的变化出新。

《养小录》记录了"囫囵肉茄"一菜："嫩大茄，留蒂，上头切开半寸许，轻轻挖出内肉，多少随意。以肉切作饼子料，油、酱调和得法，慢慢塞入茄内。作好，送入锅内，入汁汤烧熟，轻轻取起，送入碗内。茄不破而内有肉，奇而味美。"此名为肉茄，因肉与茄的组合，口感别致，煞是可爱奇美。

《食宪鸿秘》有"虾圆"一菜："暑天冷拌，必须切极碎地栗在内，松而且脆。若干装，以松仁、桃仁作馅，外用鱼松为衣更佳。"此菜的工艺更是别具一格，虾圆冷吃，需放地栗（即荸荠），食之松脆，内酿松仁、桃仁为馅，外裹鱼松，这是一个十分精细和高雅的菜肴，设计者匠心独具，口感层次分明。

《调鼎集》是我国古代菜点品种最多的食谱，它转载了明清时期其他食谱的内容。在菜肴的组合变化方面内容是较为丰富的。就"鸡"的原料而言，如松仁鸡、炸鸡卷等，运用不同的原料、不同的工艺手法就可产生风格别样的菜肴品种。"松仁鸡"："生鸡，留整皮。将肉与松仁斩绒成腐，摊皮上。仍将鸡皮裹好，整个油炸，装碗蒸。""炸鸡卷"："鸡切大薄片，火腿丝、笋丝为馅，作卷，拖豆粉，入油炸，盐叠。"此两道鸡的菜肴，一种是鸡肉与松仁结合，摊在原来的鸡皮上，初看是鸡，通过技术手法已变成了无骨的"整鸡"。另一种是用鸡片与火腿丝、笋丝的结合，将其卷起油炸，又是另一种风格。就"鸡圆"而言，就变化出不同的"鸡圆"："肥鸡煮七成熟，起去骨，脯与余分用。鸡脯横切，刮成绒，加松仁、豆粉作圆。又，生鸡肉配猪膘刮绒，取其松作圆，内裹各种丁，火腿丁或各馅，鲜汤下。""糯米鸡圆"："取鸡肉、熟栗肉、鸡蛋清、豆粉、酱油、酒，刮绒作圆，外滚糯米蒸。""鸡脯萝卜圆"："取鸡脯横切，配火腿刮绒，鸡蛋清、豆粉、酱油、酒作圆，另用萝卜刮绒作圆，蒸透，俱入鸡汤煨。"这里"鸡圆"的制作由于改变和添加不同原料，聪明的厨师们便研制出了松仁鸡圆、火腿鸡圆、糯米鸡圆、萝卜鸡圆等不同品种。

自古及今，我国各地的菜肴制作从未停止过变化革新。历代的烹调师们总是在不断地扩大食物原料的利用，寻找菜肴制作的新路，以满足不同时期消费者的求新需要。虽然创作革新的道路是十分艰难的，但人们总是想方设法从原料的利用和烹饪工艺的变化方面入手，设计一些在传统技艺上有所突破的菜品，以求得到市场的认同和顾客的好评。从历代菜肴的革新变化来看，一方面有饭店主人、老板等主观上的求异需求，迫使烹调师们挖空心思去琢磨去探索，以求得主人和老板的满意，以此保住自己的饭碗；另一方面，是广大烹调师们的自身努力，不断探究烹调技艺，以提高自己的技能水平，奠定自己在行业中的地位；再一方面，不同时期的社会进步，新的原料不断增多，新的调味品也常有出现，这些也加速了菜品出新变化的步伐。在历代食谱的字里行间，不仅透视出中国几千年来广大民众的饮食制作情况，而且更充分地显现着历代烹调师们的精湛技艺和丰富的制作经验，所有这些都是我国历代烹调师们（包括家庭主妇在内）心血浇灌的成果和智慧的结晶。这些保存下来的历代食谱，是我国珍贵的文化遗产，也是世界美食文化中的一笔宝贵财富。

（二）现代创新菜品设计赏析

1. 菜品设计的结构形态

菜品在设计时，运用烹饪工艺手法，经过选料、加工、烹制，使菜品的整体形态呈现其风味美、营养美和意境美。换言之，烹饪菜品的材质、结构与空间形态达到有机的统一是烹饪设计美的全部意义。就菜品呈现出的成品结构而言，其形态是多种风格的。

（1）菜品外部形态的设计

菜品外部形态是指菜点呈现的外轮廓与形状，是菜点与餐具占据空间位置的整体形象特征。例如，餐具的形状与菜点所占比例，空间形状的组成，独立与分散的外观，写实与象形的风格，装盘的个性与特征以及隐含的意蕴等。

（2）菜品内部形态的设计

菜品内部结构形态，所表现的是各局部之间的相互关系。如主辅料材质的结合、不同体与面的组合，材料堆砌、覆盖、填酿、搭配与色彩的结合等。

（3）菜品物质形态的设计

菜品物质形态，是设计菜品所用的原料类别、质感、色彩、风味、重量、体量、肌理等形态，经加工制作后使成品所呈现的风格和触感。

2. 菜品设计的形式美法则

（1）单独与归一

单独与归一是指用一种口味、一种主色、独立造型的菜品，给人以明净、纯洁、清雅的感受，整齐而划一。单独是独立的一种造型或一种主色，看不见明显的差异和对立因素，如外形一条整鱼的"糖醋鲤鱼"、一只整鸭的"八宝葫芦鸭"以及整块的"珊瑚鱼"等，为一种色彩，独立造型。归一可以是多种原料、单个块件，但成品是一个独立的整体，如"八宝扣肉"，是八宝馅与扣肉的组合，蒸熟后扣入盘中，成为一个整体；"双色蛋炒饭"用一个圆柱体的模具装入盛器中，成品是一个整齐的单个体。尽管多种原料，但造型为单一体。

（2）重复与渐次

重复与渐次体现的是节奏韵律之美，例如将同等大小的原料在盘面连续排叠，构成排面，体现相同的节奏叫重复。如"彩色鱼夹"是冬笋片、香菇片、火腿片的连续排列。将大小不等的原料由小到大或由大到小排叠，构成由远及近的排面，体现形式的逐渐变化叫渐次。这是一种艺术排列法运用重复的方法构图，具有节奏整齐的特点，运用渐次的方法构图具有节奏运动向上的力度。它克服了整齐的呆板、单调，具有变化的整齐美，此法多用于传统的花色冷拼。

（3）对称与均衡

对称与均衡具有稳定、平衡的美感。对称即以盘中为核心，或以两端为中轴直线，将具有同样体积、形状、重量的原料置于盘周或相对的两端，前者为中心对称，后者叫轴对称。如传统的冷菜"双拼""什锦拼盘"。均衡则是在变化中构图，较为自由，是对称的变体，两则形体不必相同，在一定的距离上相互照应，所造成的氛围是静中有动，统一而不单调。如"太极豆腐羹""双色豆泥"。

（4）写实与象形

对某一事物进行真实的模仿，像如其物叫写实或象形。如菜品制作成"菊花鱼""菊花豆腐""像生雪梨""灵芝酥"等造型的菜点，这种构想最容易引起人们对自然界图景的美的联想。设计构思时，必须选择吉祥如意、形状可爱的内容。近几年来创制的面点作品"草帽酥""香菇酥""灯笼酥""象形杨桃""像生茄子"等。

（5）对比与调和

对比，是指矛盾的、对立的形象并置对照、比较。调和，是指对比在统一的制约下的协调。对比与协调是指形象的矛盾性在统一制约下的强调和减弱，是构图中不同质的对照，不同点、线、形、色的并置对照，不同表现手法的并用等，对视觉产生刺激性效果，具有变化多端的丰富性的美感，给人以鲜明、醒目、活泼、跳跃、强烈的感受，能够突出主体，注重或强调某种情调和意境。如红花和绿叶的组配。热菜"菜心白玉球"是绿色的菜心与雪白的鱼圆形成色的对比，圆形的鱼圆摆放在长形的菜心的上面，色彩的调和成为一个整体。面点作品"熊猫戏竹"的组合等，都是此法则的成功运用。

（6）节奏与韵律

节奏，原指音乐、舞蹈的音响和动作的运动过程中有规律地出现强弱、长短等连续交替的现象。在菜品设计中，指构图的各种可比成分的形象要素通过长短、强弱变化有规律地交替组合，产生视觉刺激感受。韵律，是造型中潜在的感染力和表现力，属于形式美中更深一层的内容，更多地着重于一定情感的表现，有起伏变化的韵律，有连续变化的韵律，有渐次变化的韵律，有分割变化的韵律。菜品设计中有意识地利用变化中的节奏，有所强调和控制，并与整体融汇和谐，自然会显现出韵律。

（7）反复与连贯

反复，即通过相同或相似的构成要素的重复出现来求得形式的丰富和统一，这是图案组织的主要原则，由此产生秩序感和节奏感。连贯，即连接贯通，造型形体常常是由几个部分组成的。有时构图会将单个的小件成为一个互相联系的整体，就需要用连贯的方法来处理。如热菜"墨鱼小花螺"的造型，墨鱼用红曲米烧熟，切成整齐的大片依盘的一边连续摆放，小花螺用鸡汁烹制在另一边单个排列，成为一整体，有反复有连贯。

（8）多样与统一

多样统一法则，是形式美的最高级形式法则。多样，指成品的样式种类不同或不雷同，布局富于变化，如空间的层次，轮廓的起伏，创作手法的多样性等。统一，指构图中的诸因素符合一定的规范和秩序，构图中的形象具有紧密性和协调性。多样统一，指构图中的形象多样，符合规范而不繁杂，符合秩序而不零乱，有中心的统一性而不单调刻板，表现手法的多样性而又有风格的统一，构成有一定联系的和谐整体。多样必须要统一，否则显得混乱；统一必须要多样，否则显得单调，没有活力。

在菜品设计中，餐具器皿与菜点成品之间是一个不可分割的整体，存在着衬托与对比的关系。当菜品构思好以后，首先应选择合适的器具，对其形状、色泽、大小、质地都应有具体的要求。成品造型应充分运用原料本身的自然色彩与形体，突出原料的质地、形态、色泽美，展现在客人面前的菜品，应扬长避短，体现风格特色、可口美味。

薄饼丁香鱼
\
南京－王彬－制作

薄饼丁香鱼

赏析: 吃惯了高档海鲜的一族,不妨把目光投向别有特色的粗杂粮、小鱼虾来换换口味,可能会怀着好奇的心情,感受到产生另类的风格。香芋丝炸脆后吃起来的感觉,一般人是不会不喜欢的,再用面饼包着,还有儿时享用的小鱼,怀旧中潜藏着时尚元素,爽韧的面饼包裹着酥脆的香鲜料,叫人难以忘怀!

水晶泡什锦

赏析：这是一款利用荤素原料搭配而成的清新爽口的凉拌菜品，带给食客无限美妙的惬意；脆、嫩并举的素料与脆、韧相间的荤料有机组合，不仅口感好而且耐咀嚼，是年轻人的最爱。利用泡菜的汁佐料，摆放在特殊的水晶器皿中，若隐若现，充满诗情画意。其多料组合，荤素搭配，又具有了较好的营养价值。

三色泡菜
\
扬州－陶晓东－制作

三色泡菜

赏析： 古人有句话："食无定味，适口者珍。"可见所谓珍者，未必一定是山珍海味。往往极平常的食物，甚或为往昔所鄙视或厌弃者，在特定的时间与环境中，也能成为美味。毛豆角、大白菜可谓再普通不过的材料，经由多种调料的配制，其风味已超乎寻常，再装入不同的盛器中，正是所谓的"化腐朽为神奇，变平庸为珍物"的道理。

五谷竹香饭

赏析: 将不同的杂粮装入新鲜的竹筒中,既有青竹的清香味,又有五味杂粮的美味,配以不同颜色、不同风味的五色杂粮肉圆,食之有味,耐人寻味。设计者构思巧妙,特别是利用当地的鸭血糯的紫红色为主色调,掺进了黄色的玉米和苏州产的鸡头米,使此菜不仅具有浓郁的乡土气息,而且营养特别丰富。碧绿的青竹,镶嵌着紫红的血糯,用不同颜色的丸子加以点缀,使本来比较粗放的菜品档次得到了升华。

卜蓉哈士蟆
\
泰州 - 刘亚军 - 制作

卜蓉哈士蟆

赏析： 利用胡萝卜取蓉而食，真乃营养丰富的佳馔。嫣红的泥蓉加上浓郁的鸡汤相伴，再加上营养上佳、色泽白净的哈士蟆，其色、其营养、其味堪称绝妙。两者相配能提供抵抗心脏病、脑卒中、高血压及动脉粥样硬化所需的各种营养成分。胡萝卜素容易被人体吸收，然后转变成维生素A，对因缺乏维生素A而引起的夜盲症有缓解作用，并能够促进大脑物质交换，增强记忆力。

千岛虾球

赏析： 中西菜技艺结合之风在
江苏烹坛流行也已有四十多年
的历史，多少年来，年轻厨师
不断探索，寻找新的结合点。
黄油、千岛汁、吉士粉为西餐
常用的烹饪原料，以青岛对虾
作主料，用洋葱调制，可使颗
粒分明的大虾烹制出别样的风
格。在现代餐饮接待中这类菜
品应用较广，特别是在高星级
饭店接待中，得到了西方人以
及广大年轻食客的普遍欢迎。

千岛虾球
\
南京－程光武－制作

蓉泥烤玉参

赏析： 此菜的设计是颇具匠
心的，其创意主要有两个方
面：一是利用土豆泥包裹进
行烤制；一是将海参作为包
裹物，将肉馅料酿入其中。
此菜的创作灵感来自常熟叫
化鸡，但在原有的基础上有
许多突破。另外，烹制海参
的方法大多以炖、烧、焖、
烩、温拌为多，这里另辟蹊
径，与配料一起进行烤制，
这种大胆的构想是值得我们
学习和尝试的。

蓉泥烤玉参
\
南京－章戈－制作

设计寻思路

现代美食开发创新法则

而对于设计创新的菜点来说，一定要得到广大顾客的认可，社会的承认，而不是许多年轻厨师想"力矫时弊"、东施效颦或华而不实、偷工减料的变化。菜点创新的成品，还需要有一定的时效性，而不是昙花一现之功。好的创新菜，能够长久得到客人的认可，其实质是"设计"的成功和高妙。

具备一定的基本功，善于思考和品味经验，不但能创制出新的菜肴和点心，而且还能在技术研究上显示设计的能力。智慧常常来自经验。所谓经验，就是人们在制作、观察和思考后获得的某种感性知识，或对某种现象连续性重复显示的知觉。把那些经过长期实践检验或重复验证过的经验细加品味，就是捕捉创意的有效途径之一。品味经验，也就是利用经验中蕴藏着的科学原理或技术方法，以指导进行菜点的创造，这就是成功设计的感悟。

厨师们总不满足已有的菜点；广大宾客也在不断追求新款菜点；餐饮经营管理者们都希望在已有的菜点中能够层层出新，一新再新；商业的竞争也迫使广大烹饪工作者去开发新菜点、创造新口味。既然如此，菜点的创造将"无穷如天地，不竭如江河，周而复始，日月是也"。

寻找菜点设计与创新的方法，可以使菜点制作之路踏上轻骑、走上捷径，不至于像"丈二和尚摸不着头脑"。这里将古今烹饪菜点的创新经验作一归纳总结，目的是想给广大厨师以启发，能够创制出些新的成果。此18种设计创新法则，其实都不是孤立存在的，而是相互联系，彼此关联的。其每一法只是为了叙述、分析方便而已，这里将逐一叙述，供广大读者在设计与创制菜点时参考。

通常说，创新容易设计难。菜点的创新是多渠道的，一次烹饪交流活动，一个偶然的制作过程，一次菜点的品尝机会等都会带来创作灵感。但不管怎么说，菜点的创造，对于厨师们自身来说，需要具备一定的基本功，具有一定的烹饪经验；

一、采集素材法

追寻新菜品，已是当今厨房管理者和生产者日常一项重要的工作。走出厨房到民间去采风是当代厨师经常使用的方法。当人们实在难以想出好办法的时候，到乡村、到民间采撷和挖掘一些地方乡野菜也不失为菜品出新的一个好办法。

从乡土菜中撷取有营养、有价值的东西为我所用是自古一贯的制作方针。我国历代厨师就是在城乡饮食的土壤中吸收其精华的。如带有乡土特色的扬州蛋炒饭、四川的回锅肉、广东的炒田螺、福建的糟煎笋、山西的猫耳朵、河南烙饼、陕西的枣肉末糊、湖南的蒸钵炉子等品种，源自民间，落户酒店。像麻婆豆腐、西湖醋鱼、地锅鸡、水晶肴蹄、夫妻肺片、干菜焖肉、东江盐焗鸡、荷包鲫鱼等名菜，无一不是源于民间，经过历代厨师的不断改进提高，才登上大雅之堂的。

中国菜品丰富多彩、技艺高超、调味精妙、特色浓郁，令世人折服，追根溯源，它是全国各地区、各民族自然的风格体系、特色操作技艺汇聚而成。反过来说，如果没有全国各地区那异彩纷呈的风格特色，也就没有今天的中国烹饪的博大精深。所以，对于烹调师来说，就必须经常到全国各地区去采集那些有价值的、有特色的地方菜品和技艺，发掘那些行将失传或已失传的菜点品种。

到各地去采掘新鲜素材，从民间千千万万个家庭炉灶中撷取营养，是一个能够取得成功的路子。合肥地区民间喜食"红烧鲫鱼"，成菜红润酥烂，庐州名厨梁玉岗在总结当地烧鱼技法的基础上加以提高，选用6.6厘米左右长的乌背小鲫鱼烹制出享誉南北的庐州名菜——"荷花酥鱼"。洪泽湖畔的广大地区，自古以来，他们靠捕捞洪泽湖里盛产的各种鱼虾为生，"活鱼锅贴"是当地具有浓厚乡土风味的一种美味佳肴。近10多年来，在南京的许多饭店把这乡村至味搬至大饭店，厨师们纷纷去洪泽县采集第一手资料，通过调查研究，将"鲜鱼十锅贴饼"的"活鱼锅贴"写进了大饭店的菜单，给城市居民带来了浓郁的乡村风味。

吸取民间乡土风味菜之精华，可以打开菜肴制作的突破口，创出新的风格菜品来。乡土菜虽然也讲究菜肴的造型、装盘，但并不执着于追求表面的华彩，更重视朴实无华、实实在在。我国历代厨师就是在城乡饮食的土壤中吸取其精华的。如近十几年开发的带有乡土特色的辣炒南瓜苗、竹筒石鸡、蕨菜炒肉丝、笋衣尖椒、瓦罐鸡、蒜泥芋艿茎、清炒藕茎、酸辣番薯藤、笋尖烧肉、炒鸡肠、三椒蒸鱼头、乡村豆腐炒青蒜、笋干老鸭煲、芦蒿炒臭干、鸭蛋黄炒毛蟹等品种，源自民间，落户酒店。火锅从民间进入大饭店，并经厨师改良，发展成为双味火锅、各客火锅。猪脚爪、猪肚、肚肺、大肠等物料也已从民间的餐桌上蜂拥地进驻大饭店，并经厨师们精心加工，成为人人喜爱的菜品。

中国菜品的产生，来源于乡野菜品的滋养。我国的官府菜、市井菜，都是在乡野菜的基础上发展而来的。中国古老的传统面食制品无一不是乡村人民饮食制造的杰作。面条是历史久远的传统食品，面条的制作起源于乡村，而今分布在全国各地的煮面、蒸面、卤面、烩面、炒面、麻酱面、担担面、炸酱面、刀削面、拉面、过桥面、河漏面等，都是从乡村各地产生发展起来的。烙饼、煎饼、馒头、春饼、饺子、猫耳朵、拨鱼条等传统食品，也都是从乡村大地走上全国各地餐桌的。

在南京的城乡家庭中，各种时令野蔬是当地人常用的佳

乌米圆烧肉
\
南京－殷允民－制作

乌米圆烧肉

赏析： 红烧肉的烹饪方法有多种，肉圆的制法花样亦多。乌米圆烧肉，采集民间制法，展现的是另类的方法。肉圆用乌米掺和，食之肉有韧性而不肥腻，并形成彩色肉圆，与红色的东坡肉与绿色的草头相结合，使得菜品色彩艳丽而和谐，营养搭配更均衡。此菜的设计风格独特，自然能使人们就餐情趣浓厚。

品。芦蒿，南京人习惯将其腌、凉拌、炒、煸等，还可作其他荤菜的配料，可作围边、垫底或镶衬。这种清香爽脆的民间野蔬，已成为南京各大饭店的特色时令佳蔬菜品，许多饭店也卖起了"咸肉臭干炒芦蒿"的村野菜肴，并开发出芦蒿鸡丝、芦蒿拌春笋、芦蒿肉丝、芦蒿料烧鸭等系列品种。荠儿菜、菊花脑、马兰头等乡间野蔬都从民间百姓的餐桌上，搬到了大酒店，在广大厨师的精心研制下，并发展成一系列的美蔬佳馔。如火蓉荠儿菜、荠儿菜炒鸭丝、荠儿菜拌豆米、裹烧荠儿菜、荠儿菜面饺、菊叶玉板、油炸菊叶、凉拌菊叶、鸡丝马兰头、香干拌马兰、马兰豆腐羹等。

青山碧水，炊烟袅袅的广袤原野上的耕读人家，"孤舟蓑笠翁，独钓寒江雪"的渔翁渔婆，深山密林中的猎人庄户，都是村野菜的中馈高手。不管是人烟稠密的鱼米之乡还是山沟里的偏僻山村，村野菜总是生生不息，吸引着远来的客人。就地取材的村野菜，采用以传统种植、养殖方法或绿色、无公害、生态方法生产的食物原料以及当地自然生长的食物原料，重点是无化肥、农药等污染，生态、绿色、原汁原味。如施农家肥而自然生长的绿色蔬菜，在山野敞放、喂自然饲料的土鸡、土鸭、生态猪，以及野生的河鲜、山珍等都是农家菜常用原料。

在加工制作上，村野农家菜操作简便、朴实无华。在刀工处理上以大块、厚片为主，粗犷豪放，在烹制过程中常采用简便、易操作的烹饪方法，如煮、炖、蒸、烧、烤、炒、拌、煨等，制法上没有严格的规定，以突出本土特色就行。在菜点装盘上自然、质朴，如用土陶碗、砂锅、瓦罐、竹器等直接盛装菜肴。制作成的菜品简单而独特、风味清鲜、土韵味香。

淡淡的自然情调，浓浓的乡土气息，在乡野农村俯拾皆是。田埂上采来山芋藤或南瓜藤，去茎皮，用盐略腌，配上红椒等配料，下锅煸炒至熟即是下酒的美肴；去竹地里挖上鲜嫩小山笋，加工洗净后切段，与腌菜末烹炒或烩烧，其山野清香风味浓郁，且鲜嫩异常；捉来山溪水中的螃蟹，用盐水浸了，下油锅炸酥，呈黄红色，山蟹体积小，肉肥，盖壳柔软，入口香脆清馨，是上等的山珍美味；把鲜亮的蚕蛹淘洗干净之后，放油锅内烹炒，浇上鸡蛋液，加鲜嫩的韭菜，搅拌炒成，上盘后相当鲜美；把煮熟羊肉的各个部位切成小块放原汁汤里，加葱丝、姜末，滚几个开锅，再加香菜、米醋、胡椒粉，搅拌均匀，舀进碗里，吃肉喝汤同时进行，酸、辣、麻、香诸味皆有，别具风味，食后肚里十分舒适，令人妙不可言。这些素材都可以采集走进城镇饭店的餐桌上。

民间的乡村风味菜品，这朵烹饪王国里盛开的小花，开遍了祖国的山山水水、江南塞北，开放在华夏大地村村寨寨、万户千家，正散发着沁人心脾的芳香，这是现代烹饪采掘不尽的源泉，是菜品创新的无价之宝。民间风味的采掘不是依样画葫芦地照搬，而是通过挖掘采集后使其提炼、升华。但是，这种提炼、升华是万变不离其宗，基本风格、口味是绝对不能乱变的。据调查了解，许多饭店生意兴隆的秘诀是将乡土民间菜细作，前面所提到的许多地方名菜之所以能够流行并畅销，正是因为食精脍细的技术提炼，是从民间家庭走向社会食肆的。

杭州市许多私营餐饮店在初创阶段，他们就是以乡土民间菜为基础，采掘改良一些创新菜，以此来调动人们前往就餐的兴趣，他们在苦心经营下，创出了许多乡土特色的菜肴，像千张咸肉笋丝、萝卜丝虾儿、奶油萝卜块、梅菜梗蒸猪脑、淡菜扣肉、草莓西芹、枸杞炒鱼圆等。这些菜品采自民间，土料细作，色味俱美，吸引一大批的中外顾客。

东北地区的许多酒店、餐馆，厨师们采掘了许多带着浓郁的乡土气息和地道的农家风味，通过提炼制作，已在关东城镇的饭店餐馆中唱起主角，颇受欢迎。如白扒猴头蘑、排骨炖粉条，鲇鱼炖茄子、酸菜五花肉火锅、白肉血肠、烧地三鲜、白面疙瘩汤……这些饭菜，不仅风靡东北城镇，而且也打进了京、津、沪、穗。

民间是一个无穷的宝藏，山区、田间、乡野、市井，不妨我们去走一走，尝一尝，采集一些适合我们制作菜品的素材，只要我们努力吸取，敢于利用，并迎合当地客人，进行适当的提炼升华，创新菜就会应运而生。

布衣锅御腐
\
无锡 - 栾庆根 - 制作

布衣锅御腐

赏析： 这是一款具有贵州布依族民族风情的菜品。在布依族种植的农作物中，大豆是其中之一。当地人更多的是将其磨成浆后制成各类豆腐，最有特色的是加些切碎的白菜制成的菜豆腐。设计者从民族风味出发，适当加以改良，利用石锅、木托装载，既保持了土色土香的民族风格，又保证了菜品的温度且体现出菜豆腐的口感特色。

二、食料变化法

　　我国辽阔的疆域蕴藏着丰富的食料资源，不同的生产、加工方法形成了不同的菜品制作特色；其地理、气候条件的差异，使得原料风格各异，也为菜品制作与创新奠定了物质基础。中国烹饪数以万计的菜品，正是烹饪原料变化运用的结果。它是菜品物质条件变化出新的基础。

　　丰富多彩的食物原料，为我国广大厨师朋友大显身手、创新菜品提供了优越的条件。原料的变化、利用，是菜品出新招的一个重要方面。食物原料有千千万，但如何去认识它、利用它，这不仅仅是一个纯技术性问题，还在于一个人的创造性和想象力，只要掌握运用原料的个性特点，就可以在菜品制作工艺上发现新的元素而寻求菜品的突破。

　　苦苣、小海带、萝卜苗、花生芽，各式新鲜蔬菜接二连三地不断面世，食物原料的培植与运用，外来原料不断接纳与引进，这对制作者、食用者来说无疑是一大好事。从经营创新的角度看，需要人们不断发现新的原材料，并加以综合利用，以满足广大消费者。而创新菜品的原料利用是多方面的，如一物多用，综合利用等。

　　一种动植物原料，可以制成多种多样的菜品。同一种食物原料也可以根据不同的部位制成各不相同的菜品。就淡水鳙鱼（花鲢、胖头鱼）而言，其头，可做砂锅鱼头、拆烩鲢鱼头、鱼头炖豆腐等；其身，可制成油浸鱼片、脆皮鱼条、瓜姜鱼丝、咸鱼烧肉等；其鳔，可制成碧影红裙、口袋鱼鳔、虾蟹鱼鳔等；鱼尾，可制成群鱼献花、葱烧活尾等；鱼皮，可做成水晶鱼糕、凉拌琥珀；鱼脊骨上的鱼肉可制成酸辣鱼羹等，不仅风味多样，而且食物原料得到了综合利用。

猪、牛、羊等家畜，一物多用更是为人们所熟知。从头到尾，从皮肉到内脏，样样可用。正因为一物多用，才出现了以某一原料为主的"全席宴"，如全猪席、全羊席、全鸭席、全菱席、茄子扁豆席等。一物多用的关键，就是要善于利用和巧用，即具有利用原材料的创新意识。而中国烹饪的技法，恰恰表现出人们利用原材料的高超水平。

在食物原料的开发利用上，需要注重环保意识和持续发展观念，广泛利用农、林、

蟹粉芦荟

赏析： 芦荟是有益健康、有美容功效的佳品。蟹粉与芦荟相结合，这是近几年菜品制作的一个新发展方向，白色的芦荟肉，软嫩爽滑，配上鲜香的蟹粉，二者口感相混相融。成菜与面包一起食用，一方面为了造型的美观；另一方面还起到调剂口味的作用。

蟹粉芦荟
\
扬州 – 杨耀茗 – 制作

牧、副、渔各业生物工程技术、无公害栽培管理技术、天然及保健生产技术开发和生产的田园美食、森林美食和海洋美食等，为优质菜品的创新提供服务和支持。

在食物原材料的使用方面，自古以来，我国曾陆续不断地从域外引进了许多的原料。只要我们善于观察，发现新原料都可以拿来为我所用。从两汉到两晋，我国就陆续引进栽培植物，引入了胡瓜、胡葱、胡麻、胡桃、胡豆等品种。以后，又引进了胡萝卜、南瓜、黄瓜、莴苣、菠菜、茄子、辣椒、番茄、圆葱、马铃薯、玉米、花生等品种。从史料上看，有些品种的引进还费了不少心血，现称为红薯的番薯便是如此。明代徐光启的《农政全书》记载，海外华侨把薯藤绑在海船的水绳上，巧妙包扎，引渡过关，带回大陆。这些引进的"番"货和"洋"货，在神州大地上生了根，变成了"土"货。由于引进蔬菜的品种增多，使得我国的蔬菜划分就更细致。同样，也为中国的菜品创作锦上添花。

改革开放以后，我国引进外域的食物原料就更加丰富多彩了。植物性的原材料有荷兰豆、荷兰芹、微型番茄、夏威夷果、彩色青椒、生菜、朝鲜蓟、紫包菜等，动物性原材料有澳洲龙虾、象拔蚌、皇帝蟹、鸵鸟肉、袋鼠肉等，这些为我国烹饪原料增添了新的品种。

借鉴全国各地乃至世界各国的特色原料，拿来为本地人服务，使菜肴出新品去满足当地人的需要，确是一种较好的方法。全国各地因时迭出的时令原料，给中国烹饪技术增添了活力，丰富了内容。特别是本地无而外地有的食品原料，要想方设法借鉴利用，这些特色原料，能使本地客人耳目一新，显得特别珍贵。这就需要我们及时引进和采购，利用它制作出新的菜品来。

利用异地原料来开发菜肴，这是一个十分省事的办法。只要便于拿来、合理而巧妙地组合，就可以产生一定的效果。如云南的野菌、青藏的牦牛、广西的罗汉果、胶东的海产、东北的猴头菇、扬州的白干、淮安的鳝鱼、四川的花椒等。这些原材料在本地人看来是比较普通的，但一到外地，即身价倍增。当它异地烹制开发、销售，其效益将难以估量。如今交通发达，开发异地原材料并不困难，创新菜肴也必将有其广阔的市场。

利用西藏的藏红花、牦牛、青稞等原料来制作菜肴也不失为菜品改良出新的好方法。西藏拉萨的改良菜"橄榄土豆球"，是以土豆泥为主，稍加面粉、青稞粉用水调成面团，另外用牦牛肉、冬菇、冬笋一起炒制成三鲜馅，然后用面坯包馅制成橄榄形，入油锅炸至外酥内香。目前，有些地区利用西藏的青稞原料制作菜品，如青稞炒鸡丁、青稞蔬菜汤、枣泥青稞饼等，都别具风味。

如源自塞外大漠的蒙古族烤肉、手抓羊肉、烤羊锤，根据其引进制作的"香炸羊锤"，是一款香味扑鼻的美味菜品。此菜取料独特，许多饭店从内蒙古直接进货，以保证羊肉的口感和风味。将小羊锤腌渍入味，入高温油锅炸至酥松，捞出沥油，撒上孜然粉等调料，手抓食之，羊肉酥，肉质嫩，香味浓，口感诱人，极具民族特色。

云南西双版纳傣族食品"香茅草烤鱼"，以特有的香茅草缠绕鲜鱼，配以滇味作料，烧烤而成，外酥里嫩；竹筒、土坛、椰子、汽锅等，都能体现出地道的云南少数民族的乡土风味。傣族的另一道传统菜品"叶包蒸鸡"，肉嫩鲜美，香辣可口。将整鸡洗净用刀背轻捶，然后放上葱、芫荽、野花椒、盐等作料，腌渍半小时，再利用芭蕉叶包裹，放到木甑里蒸熟。此蕉叶、粽叶包制之法，在南方地区应用十分广泛。

锅贴干巴菌
\
南京 – 孙学武 – 制作

锅贴干巴菌

赏析： 这是根据南京传统名菜"锅贴干贝"的制作方法改良创新的菜品。其手法主要是利用云南野生珍菌"干巴菌"来代替"干贝"。干巴菌，是云南人对"绣球菌"的俗称，还被当地人俗称为"对花菌""马牙菌"，属真菌类革菌科植物，生于松林地上，与树形成共生关系。干巴菌香味扑鼻，食味异常鲜美，可与肉丝相媲美，如与青辣椒共炒，其味更浓郁。制作此菜时要控制好火候，否则干巴菌体现不出香味甚至带有苦味，这就会使菜品的特色难以显现。

在食品制造和餐饮行业，近年来改变和添加某些原料制作新菜品也是较为普遍的。如在传统菜品中添加某类功能性食物。通过添加某种原材料，而使菜品风味一新，独具魅力。

利用新的引进原料改变和添加在传统的菜品中，也是菜品出新之法。如"锅贴龙虾"是在传统菜品"锅贴虾仁"中的创新，借用澳洲大龙虾，取龙虾肉批薄片制成锅贴菜肴，在原锅贴虾仁上添加了龙虾片，不仅档次提高，而且菜品有新意。"西蓝牛肉"，是取用西蓝花为主料，以牛肉片为配料，一起烹炒而成。这是一款深受外国顾客欢迎的菜品，它实际上是在"蚝油牛肉"中添加了西蓝花，其创制的特色在于蔬菜多、荤料少。"夏果虾仁"是在"清炒虾仁"中添加了夏威夷果，成菜主配料大小相似，色泽相近，风格独具。

在传统菜肴的制作中添加某种食用的药材原料也可产生新的效果。如药材原料人参、当归、虫草、首乌等。"枸杞鱼米"是在"松子鱼米"的基础上添加"枸杞"料而成；"洋参鸡盅"是在"清炖鸡"中添加了"人参"。诸如"天麻鱼头""杜仲腰花""黄芪汽锅鸡""罗汉果煲猪肺""首乌煨鸡"等。

现在，功能性食品的流行已说明国人饮食生活水平的提高程度。药膳菜品、食疗菜品以及美容菜品、减肥菜品和不同病人的食用菜品等，都是在菜品中添加某一类食物原料创新而成的。

而今流行的水果菜品、花卉菜品等，都是在原有菜品的基础上添加某种水果、花卉而成新的。如"蜜瓜鳜鱼条"是在清炒鱼条中最后添加上哈密瓜条；"橘络虾仁"是在炒虾仁的基础上加上橘络粒；"梅花汤饼""桂香八宝饭"就是在原品的基础上添加了梅花、桂花；等等。菜品制作中如果能恰当地添加上某料、某味，或许就能产生出意想不到的、令人耳目一新的菜品来。

三、调换口味法

现代厨房生产把调味品的利用和变化作为菜肴创新最值得研究和推广的一个重要内容。从合理运用调味品出发，就新味型的研制、传统味的更新、调料兑制的变化等方面系统地对菜肴创新进行探索，确是菜品创新的一种良策。

菜肴的创新烹制，高明的烹调师必须掌握各种调味品的有关知识，并善于适度把握，五味调和，才能创制出美味可口的佳肴。一款创新菜品的成功，很大一部分也取决于调味品的利用与合理的调制。

调和菜品之味，就是运用各种呈味调料和有效的调味手段，使调料之间及调料与主配料之间相互作用、协调配合，从而赋予菜品一种新的滋味的过程。要使一盘菜肴的香与味都达到美的境地，必须要有正确、恰当的调味，才能使菜肴达到优美、尽善的艺术境地。因此，调味是决定菜品风味和质量的关键性烹调工艺。

1. 调味品组配与新味型研制

调和滋味的好坏，不但要懂得调味品的优劣，更重要的还在于如何正确把握各种调味品量的关系。因为，调味品之间的合理搭配，也有它的内在规律。任何一种独特风味的形成，都是由多种调味品构成的，而各种调味品都有它本身的性能和作用，通过合理的搭配和烹制，从而产生了复杂的理化变化，形成某种特殊风味。因此，如何掌握好调味品量的关系，关键在于合理的调配、试制，最终达到美味适口的效果。

（1）了解调味料的不同之味、变化之味

熟悉调味品，是形成菜肴风味多姿多彩的重要一环。利用调味品创新菜品，首先要熟识调料的不同之味和风格特色，了解调味品调和之间的口味变化以及产生的效果。在使用中，根据不同的调味品合理的组合与调配，可以将原始调味品、粉末调味品、油状调味品、酿造调味品、复合调味品、西式调味品依据菜肴的要求进行巧妙的变化利用。五味之变，风味无穷。比如说，人们常吃的糖醋味和荔枝味，前者口感甜酸味浓，回味咸鲜；后者口感酸甜似荔枝，咸鲜在其中。两者基调都是突出酸、甜两味，所用的调味品都有糖、醋、盐、姜、葱、蒜，其变化就在于糖、醋数量的差别，前者用糖量大，后者用醋量大，由于这种组合差别存在，就形成了不同的特殊风味。又如利用香茅、沙姜、藿香、薄荷、辣根、莳萝、紫苏、草果、刺柏等自然香料的风格特色，与不同酱、汁的口感特色和其他调料配合后会产生什么样的口味等，需要有见地的调试才能出奇制胜。如调料"复合奇妙酱"，它是由卡夫奇妙酱与花生酱、番茄沙司、山楂片、黄油、辣椒油、甜酒酿等组合而成的。这种香、酸、甜、微辣的"奇妙酱"可为人们的佐餐增添特殊的风味。

我国调味品市场上的海鲜汁、佐蟹汁、麻辣汁、豉油鸡汁、蒸鱼鸡汁、苏梅酱、樱桃酱、山楂酱、辣椒酱、海鲜酱、捞面酱、色拉酱、蒜蓉酱、炝拌酱、甜辣酱、辣甜豆豉酱、蒸鱼豉油等，这些调味品在烹饪中的应用已经越来越广泛，而经过相互的配合、兑制成新的调味酱汁，将是菜肴开发较常用的创新方法。

（2）合理调配新味型为菜肴创新服务

调味工艺是对食物主、辅原料固有口味进行改良、重组、优化的过程。菜肴的味型都是不同的调味品组合而成

三味香酥大银鱼
\
无锡 – 周国良 – 制作

三味香酥大银鱼

赏析： 太湖出产之银鱼以数量多、质量高而闻名。它与梅鲚、白虾并称为"太湖三宝"，而三宝中银鱼又居第一。因其独特的鲜味和细腻的肉质博得中外游客青睐。太湖银鱼肉质滑嫩、细腻、鲜美，运用不同的方法、调制不同的口味，可使其千变万化。此菜运用太湖银鱼精制而成。取银鱼拍粉敲打成片状，油炸后运用糖醋汁、葱油汁、茄汁三种味的调制，银鱼的鲜嫩香脆与三种口味的组合，可满足客人不同的口味与触觉的需求。

的，多种调味品的混合运用，可以生成不同特色的风味味型。把各种单一的调味品和复合调味品混合在一起使用，能够使菜肴产生各种复杂的滋味，不再局限于简单的口味，使菜肴的口味更趋于多样化。如"香槟红糟排骨"，是组合红糟、香槟酒等调料与排骨共烹，此菜略带甜味，有香槟、糟香味，这是新式海派、苏菜味。"梅椒炒花蟹"，运用酸梅、红椒和梅子汁治味，其口感酸中带辣。"葡汁咖喱虾"，以咖喱粉和葡汁一起调味，菜肴口味浓郁开胃，这是粤、闽风味特色的新馔。"OK蒜椒鸭柳"，以OK汁、蒜肉、红椒为主味，口感香辣而微酸。"芝士牛肉卷"，以芝士、香椿汁、胡椒粉等调味，其风味有一股浓浓的西餐风味，这是港式新菜风味特色。

原料固有的原味叫基本味，一般有酸、甜、苦、辣、咸、香、麻、鲜八大类基本类型，而每一类基本味中都有许多不同的调味料，每一种调味料之间存在着味质的差异性，这就构成了味觉的丰富性。运用调味品调配新味，与绘画色彩中原色原理相似，调味以八原味为基础，将两个以上的基本味相加可以产生无穷多的复合味，这就可以研究和调制出各不相同的调味酱汁和味型。复合味的口感是丰富多变的，当多种呈味物质同时入口，味觉的敏感度因味蕾分布和数量的不同而不同。味蕾对不同味素强弱感受构成了具有层次性、程序性、具有浓淡节奏的复合式味觉快感，这就是多种调味料、调味方法的灵活调制而产生的"味中有味"、越嚼越有味的感觉。利用调制出的新酱汁可以制作出丰富多彩的新菜肴。

2. 调味品与原材料的
   变化与出新

有了调味品和调味酱汁，就可以烹制出丰富多样的美味佳肴。人们在菜肴制作中，只要善于了解、研究和配制

香茅海鲜

赏析： "串串"菜近几年来十分流行，中外食客都较为喜爱。传统的串菜大多是用竹扦、红柳枝串制原料，为了改变菜品的口味，设计者取用东南亚盛行的香茅草枝干串制食料，使原有的菜肴改变了风味。串入的海鲜、蔬菜，原料新鲜，类似于东南亚风味"沙爹"。菜肴可煮可煎，若用黄油煎制，又是中外口味结合的风味。此菜带给人们一种另类的食风，可精可粗，雅俗共赏，特别受一些年轻人的喜爱。

香茅海鲜
\
南京－孙学武－制作

不同的调味品，创新菜肴就较容易制作而成。如"椒豉鸡球"，是在"清炒鸡球"中加进了苏梅酱、蒜蓉豆豉酱，口感酸甜，鲜香微辣，使口味发生了新的变化；"香辣牛腩"，是在传统烧牛腩中加进一定量的蒜蓉辣椒酱，并以老抽调色，使菜肴肉质嫩滑，颜色鲜艳；"孜然甲鱼"，在剁成块状的甲鱼烹熟后，撒上孜然味料翻炒而成，其口感独特，孜然味香；"OK蒜蓉鸭柳"，用OK汁、甜辣酱、姜葱、生抽等调料，具有香辣而微酸的风味；"蒜珠瑶柱脯"，用瑶柱的鲜、蒜子的香一起烹制，以蚝油、豉油鸡汁、胡椒粉等烹味，色泽金黄、鲜咸微甜、蒜香浓郁、酥软滑口，是港、沪名肴。拥有了新的调料，调配出新的味型后，就可创制出许多与众不同、独树一帜的新潮菜品。

（1）一味百菜法

事厨者调制好某一味型之后，并可烹制出同一味型的不同菜肴。以香糟（油）、香醋、噫汁等调配的"香糟汁"为例，依据此味汁，用什么料就可以烹制出香糟味型的菜，如香糟鱼片、香糟鸡柳、香糟鸭掌、香糟猪爪、香糟蹄筋、糟熘鱼片、糟熘腰穗、香糟藕片……都是可以如法炮制的。香糟具有增香、调香、去腥、除膻的作用，还可以提鲜开胃，促进食欲。其他如糖醋汁、酸甜汁、豉油汁等味也可以照此办理。但需要注意一点，一定要按照每种味型的风味特点去调制，掌握好不同调味汁的调料比例关系，根据冷菜、热菜的不同特点，就可以调制出各具特色的风味菜品。

柱侯酱是广东佛山调味品厂根据100多年前的梁柱侯师傅的研究配方而生产的调味品。当这一产品问世后，各种柱侯菜品便应运而生。利用柱侯酱掺入不同的调味品还可以调出不同风味的柱侯酱汁。如制作的菜品有柱侯鳗鱼球、柱侯甑肥鹅、柱侯鸡柳、柱侯烧鸭、柱侯炖牛腩等。

（2）一料百味法

即使固定了某一种原料，而去变换不同的调味品，也可创制出一系列新创品种。若以"土豆"为主料变换调料来开发菜品，可以制成彩椒土豆丝、椒盐土豆、咖喱土豆、酸辣土豆、土豆烧肉、烤土豆球、奶香焗土豆、土豆炒肉片、土豆焗鸡块、奶油土豆条、葱油土豆泥、三鲜土豆汤……只要把调味品变换一下，还可以调制出许多品种。如酸辣汁、沙嗲汁、鱼香汁、蚝油汁、腐乳汁、豆豉汁等都可以烹制出"土豆菜肴"，其他鸡鱼肉蛋、瓜果蔬菜只要变化不同调料，都可以调制出不同风味的系列菜品。

近年来，各式排骨菜成了宴席上的时令菜品，诸如"蒜香骨""酱香骨""卤水骨"等。"酱香咖喱骨"即是采用变换调料的方法，利用咖喱粉、海鲜酱、沙茶酱、花生酱等一起配制的复合味，使排骨入味而成。多重味的复合，突出咖喱的特殊风味，使普通的排骨菜，变得芳香诱人。而"香槟红糟排骨"，是嫁接红糟、香槟酒等调料与排骨共烹，此菜略带甜味，有香槟、糟香风味，这是新式海派、苏菜味。

利用通脊肉批片成长方形，加调料腌渍后卷起成肉卷（稍用粉糊粘黏），经过油炸后，可制成各种不同味型的肉卷菜。肉片用盐、胡椒粉、葱姜汁腌渍后卷起直接放油锅中炸制，称"香酥肉卷"，用麻辣味腌渍肉片卷起再炸叫"麻辣肉卷"，用柱侯酱腌渍叫"柱侯肉卷"，用OK酱腌渍叫"OK肉卷"，用沙茶酱腌渍叫"沙茶肉卷"，用XO酱腌渍叫"XO酱炸肉卷"等。肉卷通过不同味型的制作，使菜肴味美成新，风味各异。

（3）换味更新法

丰富多彩的传统菜肴只要考虑在口味上翻新，变换不同的调味品，就能产生特殊的效果。"十三香龙虾""麦香龙虾"是模仿"红烧龙虾"的制作方法而创制的，"红烧龙虾"是加盐、糖、酱油、葱姜等烹制而成，"十三香龙虾"是烧制中加入十三香调料，"麦香龙虾"（或叫奶油焗虾）是将龙虾放在有浓汤、鲜奶、香料等的汤中煮熟，取出晾干后涂上奶油，入烤箱烘烤，其口感是干爽、鲜嫩、奶香浓郁。由"盐水虾"到"椒盐虾"再到"XO酱焗大虾"，都是由改变调味品创制而成的。南京的"生炒甲鱼"一菜，就是在保持淮扬风味的基础上，稍加一些蚝油，起锅时再加少许黑胡椒，其风味更加醇美、独特。四川一酒店的厨师，利用市场上所售的柱侯酱、海鲜酱、蚝油、红曲米等产品调制出一种复合味卤汁，再用它制作酱猪手，成品风味独特，在市场上非常受欢迎。

凤爪是许多人十分钟爱的品种，从传统的红烧凤爪、糟香凤爪、水晶凤爪到潮汕的卤水凤爪以及走红的芥末凤爪、泡椒凤爪等，其口味不断变换和翻新，又体现了凤爪菜的筋抖滑爽的风味特色。潮汕正宗的卤水凤爪以卤水、丁香、大料、桂皮、甘草、陈皮、大茴香、小茴香、花椒、沙姜、罗汉果、玫瑰露等原料配制而成，食之使人唇齿留香，回味无穷。芥末凤爪以芥末粉为底料，与精盐、酱油、味精、醋、白糖、麻油、高汤调成咸味汁，食之质地软嫩，芥末香浓。

在全国各地的菜品制作中，利用调料变化创新层出不穷。"沙嗲炒牛蛙"，运用沙嗲酱、花生酱、南乳汁与番茄酱、辣椒末调制，口味鲜咸微甜、轻辣。"梅椒蒜子虾"，以酸梅、红椒、蒜子和梅子汁治味，其口感酸中带辣。"鲜皇红斑鱼"，以鲜皇汁、虾油卤、喼汁、鱼露、生抽等一起烹制，鲜淡滑爽、清香怡人，滋味新颖。

四、改变技艺法

从烹饪技艺的变化入手开发新菜品，这是一个既高明又有创意的设计。汉代《淮南子》中就记有"屠牛之技"："今屠牛而烹其肉，或以为酸，或以为甘，煎熬燎炙，其味万方，其本一牛之体。"这种技艺变化和利用，运用得法就可以有新的菜品出现。只要在烹饪方法上作一些探索研究，就会产生意想不到的效果。

《易经》曰："穷则变，变则通。"这就是说，当我们要解决一个问题而碰壁，没有办法可想时，就要变换一下方式方法，或者顺序，或者改变一下形状、颜色、技法等，这样可以想出连自己也感到意外的解决方法，从而收到显著的效果。

中国菜点变化万端的风格特色，吸引了世界各地的广大顾客群，在各个餐饮场所，宾客们常为千变万化的烹饪技法而拍手叫绝，那一款款、一盘盘不同技艺的菜品：爆鱿鱼卷、菊花鱼的"剞花"之法的应变；韭黄鱼面、枸杞虾线的"裱挤"技法的运用；海棠酥、佛手酥"包捏"技法的变化；拉面、刀削面，同样是一块面，运用不同的技艺即可产生不同风格的食品，真可谓"技法多变，新品不竭"。这些利用禽畜鱼虾、瓜果菜谷的可食原料，经广大厨师灵巧的双手，变化各种烹饪技法制作而成的各式菜点，正是运用"改变技艺法"创意的结果。

纵观我国的菜点，从古到今就是在变化中而不断推陈出新的。翻开清代饮食专著《调鼎集》一书，此书共分十卷，菜品相当丰富。就"虾圆"菜肴来看，其变化技法就够广泛的，有烩虾圆、炸虾圆、烹虾圆、炸小虾圆、炸圆羹、醉虾圆、瓤虾圆等；在"虾仁、虾肉"中，有炖、烩、瓤、烧、拌、炒、炙、烤、醉、酒腌、面拖、糟、卤等烹制法，还有包虾、虾卷、虾松、虾饼、虾干、虾羹、虾糜、虾酱，等等。可谓洋洋洒洒，变化多端，这些不同的菜品都是历代烹调师们不断改变加工和烹制技法而形成的。

运用变技法，首先要寻找所要改变的对象，通过改变要能够有所创意，而不是越改越糟，改得面目全非。经过对菜品的技术手段的改变加工，可以建立起体现新风格、新品味的技术革新和特色。因此，创造性活动不仅仅是从无到有的新，不断地改变方式方法，像玩具业中出现的魔方、变形金刚等，都体现了这种改变艺术的创意与应有成就。

世界上许多事情都在花样翻新。就以厨房中炒菜的锅为例吧，不粘油的锅、含铜锌微量元素的锅、电炒锅，等等。这些不同的新品锅，就是在原有传统锅的基础上而改变材质形成的。在菜品创新中，运用变技法，可对原有的菜品进行适当的改变，这种技法的变化制作，都不乏创造性思考方案，只要改变得好，即可产生出奇制胜的新菜品。

西安"饺子宴"的成功，就是因为把普通的饺子制作成千变万化、不同风格的系列品种。一张小小的面皮，经过面点师的刻意追求，运用不同的制作技法，可以变成各不相同的饺子品种。改变技法，必须具备一定的烹饪操作基本功，基础扎实了，创新的思路也就开阔了。由"饺子宴"，我们可以创制出"包子宴""馄饨宴""水果宴""菌菇宴"等，由一主题来改变不同的加工技法、烹调技法，使其产生不断变化的菜品，这样，新款的、系列性的菜品就会不时地应运而生。

运用变技法创新菜点，使烹饪技艺锦上添花，变化无穷。中国传统宴席中的"全席宴"，如百鸡宴、全羊席、全牛席、全鱼席、全鸭席、蟹宴、菱席、藕席等，这些宴席

莲藕锅贴蟹

赏析：传统的藕盒，但经过一番精心的设计后，能使人耳目一新。此菜的设计，原料虽很普通，但风格特别另类，蟹肉酿入藕盒，使传统的平面造型用立体的风格展示，可让人眼前一亮。从其餐具与装盘来看，十分独特、大气。设计者匠心独运，使传统菜进一步提炼升华，这是一道值得我们推广的新创佳作。

莲藕锅贴蟹
\
连云港－陈权－制作

使用的主料只能是一种，一席宴，主料每菜必用，所变的仅是辅料、技法和风味。全席中主要靠主料运用各式技法来变换品种，并且要求所有菜点烹制技法不同，制作风格有异，但特色鲜明，向来被称为"屠龙之技"。这种"不变中有变，变中有不变"的全席正是"改变技艺法"的精髓，这主要靠的是厨师们灵活运用技法的技巧。如现代"鸭宴"中的糟熘鸭三白、火燎鸭心、红曲鸭膀冻、香椿拌肫花、鸭舌芙蓉皇帝蟹、松仁鸭肝生菜包、孜然鸭心串、文武鸭、果仁鸭片烧茄子等。这些"鸭"菜肴，就是在技法的应变中体现其风格特色的。

从改变技法入手探讨新品菜肴，需要人们去开发思路。当今流行的"明炉"，利用明火小炉与原料、半成品直接上桌边加热边供客食用。它从火锅烹制法引申而来，确又有别于火锅。厨师们在大胆设想中，从明炉锅仔的"汤菜"，又创制出不带汤的"干锅"，所用器具完全一样，只是多汤与无汤的差异，这种看似简单的技术变法，的确变出了风格，变出了又一系列的品种——干锅菜系列。

中国菜肴制作的"卷"制法异常丰富，利用卷制菜肴的原料非常丰富。以植物性原料作为卷制皮料的，常见的有卷心菜叶、白菜叶、青菜叶、菠菜叶、萝卜、紫菜、海带、豆腐皮、千张、粉皮等。将其加工可做出不同风味特色的佳肴。如包菜卷、三丝菜卷、五丝素菜卷、白汁菠菜卷、紫菜卷、海带鱼蓉卷、粉皮虾蓉卷、粉皮如意卷、腐皮肉卷等。利用动物性原料制作卷类菜的常用原料有：草鱼、青鱼、鳜鱼、鲤鱼、黑鱼、鲈鱼、鲑鱼、鱿鱼、猪网油、猪肉、鸡肉、鸭肉、蛋皮等。将其加工处理后可做成外形美观、口味多样的卷类菜肴。如三丝鱼卷、鱼肉卷、三文鱼卷、鱿鱼卷四宝、如意蛋卷、腰花肉卷、麻辣肉卷、网油鸡卷、蛋黄鸭卷、香芒凤眼卷、叉烧蟹柳卷等。

蟹粉生敲鸽蛋

赏析： 炖生敲是南京传统风味菜肴。传统制法是将鳝鱼活杀去骨后，用木棒敲击鳝肉，使肉质松散，而后入油炸后炖制，故名。这里取"生敲"配菜，以增加菜品的香酥醇厚。此菜用油炸锅巴垫底，不仅风格变化，而且增添了香脆的口感，使酥烂香韧的菜肴更耐咀嚼。

蟹粉生敲鸽蛋
\
南京－洪顺安－制作

卷式菜肴的类型一般有三类：一类是卷制的皮料不完全卷包馅料，将1/3馅料显现在外，通过成熟使其张开，增加菜肴的美感，如兰花鱼卷、双花肉卷等；一类是卷制的皮料完全将馅料包卷其内，外表呈圆筒状，如紫菜卷、苏梅肉卷等；另一类是卷制的皮料将馅料放入皮的两边，由外卷向内，呈双圆筒状，如如意蛋卷、双色双味菜卷等。但不管是哪种卷法，用什么样的皮料和馅料，都需要卷整齐、卷紧；对于所加工的皮料，要保持厚薄均匀，光滑平整，外形修成长方形或正方形，以保证卷制成品的规格一致。

技法常变，菜品常新。"翠珠鱼花"的创制，是扬州烹饪大师薛泉生之杰作。据他在谈创作体会时说，此菜的产生是受苏州"松鼠鳜鱼"的启发、联想而来的。从改变技法来看，"翠珠鱼花"是改变了"松鼠鳜鱼"的造型技法。"松鼠鳜鱼"是剞花刀制成松鼠形，而"翠珠鱼花"剞花刀后做成花形，前者是一鱼两片并列组合成，后者是一鱼两圈上下堆砌成，其风格都别具一格。

在菜品制作中，运用改变技法创作新菜的例子是很多的，只要我们去多动脑筋，有时作一些有意义的变化，或许能产生重大突破。在市场经济条件下开发新菜品，注重为菜品塑造鲜明的个性特色是有利于竞争的。烹饪技法若改变得有个性、有风格，这样的创新菜品肯定是受广大顾客欢迎的。

五、菜点组合法

　　菜品创新已成为全国各地烹饪同行热切关注的焦点。人们除了正常的工作以外，大多考虑的都是如何去开发创新菜？其实，菜品创新的方法很多，只要我们有意去改变一下菜品的现状，利用不同的原料、调料、技法，把那些与原有菜肴无关的东西组合过来，或许可以制作出新品菜肴。这里围绕组合的思路，将其拿来后组合成新或许可以使菜品增加不少的新意。

　　近年来，将菜肴与点心两者有机结合起来的菜品层出不穷，只要你留意，全国各地饭店涌现了许多这样的菜品，颇得到广大顾客的认可。如口袋牛粒、麻饼牛肉松、扣肉夹饼、饼盏虾花、瓜条松卷等。川菜的回锅肉片本是比较普通的一味便饭菜，现如今走上了宴会，其不同的方法，就是在盘边放上小型薄饼，不仅给人菜品丰满的感觉，而且给客人包肉吃，既不油腻，口感也好。

　　菜肴与点心的组合方法，它是将两种或两种以上的菜点风味进行适当的组合，以获得具有一种全新的菜品风格的制作技法。此法的思考与运用，将两者各不相同的东西有机地重组起来，就可产生许多意想不到的效果。

　　在两千多年前的周代，周天子食用的八种菜肴（号称周代"八珍"），前两味"淳熬""淳母"，即是稻米肉酱饭和黍米肉酱饭。这是首开我国主、副食品组合出新的先河。清代出现的"鲮鱼饼""鲥鱼烩索面"等，也是菜点组合法创新的典型事例。而今，菜品的组合风格各异，琳琅满目。如河南名菜"糖醋黄河鲤鱼焙面"是糖醋鲤鱼与焙面的组合；"酥皮海鲜"是中国传统的海鲜汤与西式擘酥皮两者之间的融合；"馄饨鸭"是炖焖的整鸭与点心馄饨两者的组配；西安"羊肉泡馍"是"面馍"与羊肉汤两品的有机组合。通过菜点组合，可以使菜品面貌一新。

菜点的组合不是玩游戏，它的目的乃是通过重组这种手段去寻找使菜品出新的方案。当这种组合方案找到后，人们就可以把设想变成为现实。

目前，利用菜点组合创新的思路主要有以下几种手法。

1. 用面饼包着吃

这种方法目前比较流行，且不说传统的北京烤鸭，用面饼包一直没有淘汰，反而更增添了韵味和趣味。如用饼包榄菜、鸭松、牛肉松、鱼松以及扣肉等。面饼用水面、发面均可。水面用铁板烙制、发面用蒸汽蒸熟；上桌后包着吃、卷着吃都别饶风味。近年来流行的"蚝香鸽松"，是取烤鸭的吃法，将乳鸽脯肉切成鸽米，上浆拌匀后，与蚝油等调味料一起爆炒至香，上桌时跟荷叶薄饼和生菜，供客人一起包而食之，香、嫩、脆、滑、韧等多种口感荟萃，确有一种特殊的风格。

2. 用面袋装着吃

目前许多厨师别出心裁将面粉先做成面饼或口袋形，人们大多是制成发面饼、油酥饼、水面饼，将其做成椭圆形面饼后加热成熟，然后用刀一切为二，有些饼由于中间涂油自然分层成口袋，如没有层次，可用餐刀划开中间，然后将炒的菜品装入其中。如麻饼牛肉松，是将面粉掺入油做成酥饼后，撒上芝麻，入油锅炸至金黄色捞起，一切为二成口袋状，放入炒制的蚝油牛肉丝。有些菜品干脆用面坯包起整个菜肴，然后再成熟，食用时打开面坯，边吃面饼边吃菜，如酥皮包鳜鱼、富贵面包鸡等。

3. 用面盏载着吃

用面粉可做成多种盛放菜肴的器皿，如做成面盏、面盅、面盒、面酥皮等，然后，将炒制而成的各式菜品盛放其中。如"面盏鸭松"是将炒熟的鸭松盛放在做好的面盏内；"五彩酥盒龙虾"是选用面粉与油和成酥面，制成盒状，放入烤箱内烘烤成金黄色，用以作盛器，再纳炒制之龙虾肉于酥盒中，盒中有菜，菜与盒皆可食，以菜肴治味，点心装潢，颇具风格，别开生面。有些汤盅菜品，利用油酥皮盖在汤盅上一起入烤箱烤制成熟，食用时，汤烫酥皮香，扒开点心酥皮，用汤勺取而食之，边吮汤边嚼皮，双味结合，点心干香，汤醇润口。

酥盒白鱼米
\
南京－薛大磊－制作

酥盒白鱼米

赏析：利用西式包饼中的千层酥盒来盛装中式鱼米，使菜肴与点心有机交融，这种中西合璧的组配风格，可给人一种全新的感觉，盒中酿菜，一举两得，一盘双味，可谓匠心独运。此菜主体黄白，红绿相间，立体感强，食之鱼米滑嫩，色彩艳丽，营养丰富，诱人食欲。

4. 菜点混合着吃

将菜、点两者的原料或半成品在加工制作中相互掺和，合二为一成一整体。如粽粒炒咸肉、紫米鸡卷、珍珠丸子、砂锅面条、荷叶饭等。"年糕炒河蟹"，是取用水磨年糕和河蟹两者炒至交融。将河蟹一剁两块，刀截面沾上淀粉，入油锅略煎后，与水磨年糕片加酱油、糖、盐等调料一起炒至入味，食之河蟹鲜嫩入味，年糕糯韧爽滑，两者有机交融，家常风味浓郁。由其演变的有：年糕炒鸭柳、年糕炒牛柳、年糕炒鸡片等。

5. 点心跟着菜肴吃

这是一种配菜的点心随跟菜肴一起上桌，食用时用面食包夹菜肴。如传统菜北京烤鸭带薄饼上桌；河南名菜"鲤鱼焙面"是糖醋鲤鱼跟带油炸焙面一起上桌配食；"瓦罐烤饼"，是江西地方风味特色品种，它取用瓦罐类菜品，如瓦罐鸡、瓦罐鸭以及牛肉、羊肉、猪肉及内脏之罐品，口味浓郁、鲜香、汤汁醇厚，配之煎烙或烤之油饼，将饼撕成碎片，与其罐品一起佐餐，食之或浇卤之，或蘸食之，均别具风味。

6. 点心浇着菜汁吃

以点心为主品，在成熟的点心上浇上调制好的带汁的烩菜，就如同两面黄炒面一样。"两鲜茶馓"是淮安地区创制的宴席名肴，是菜点交融的菜式，它取江苏淮安著名的土特产品"茶馓"这一茶点品种，配之虾仁、蟹肉为佐料制成的"两鲜"，将刚炸制好的茶馓放入盘中，浇上两鲜烩制之料，配套而成，色、形俱佳，声、香并美，令人口鼻为之一新。江苏淮安的"小鱼锅贴"是一款民间乡土菜，如今改良后的风格即是用烙好的锅贴饼，浇上红烧鱼卤汁，使小鱼锅贴酥脆中带着鱼的鲜香味，特别诱人。

7. 融合技艺变着吃

把菜肴制作技艺与面点制作技艺有机融合，经过特殊加工制作成的特色菜品。如酥皮鱼片、松皮虾蟹盒、黄面糟香鸡、酥皮鱼松、酥贴干贝、糯米鸭卷等。酥贴干贝是引用南京名菜"锅贴干贝"而创制的，即将油酥皮擀成薄片，四边修齐，刷上蛋黄，涂匀虾蓉、刮平，上面再撒干贝丝和火腿末、松子末，用手按一按，然后中间切2刀，入平底锅煎至两面成熟，切成骨牌块，食之酥松适口，清香鲜美。

8. 装盘时合在一起吃

将菜、点分别烹制成熟后，把两者组合装在一个菜盘中，即菜、点双拼在一盘中的方式。成菜时菜点结合，食用时一碗双味，既有菜肴佐餐，又有点心陪衬，如菊花鱼酥、绿茵白兔、虾仁煎饺、玉带鳜鱼等。菊花鱼酥是取用青鱼肉制成菊花形，拍粉入油锅炸酥后，调制番茄酱甜酸汁浇至菊花鱼上；另用纯蛋面团，摘剂、擀皮制成菊花酥，入油锅炸酥后，捞起装入菊花鱼盘边上，在菊花酥上点缀玫瑰糖。一盘菊花盛开怒放，粗看相似，食之双味，酥嫩与酥脆交相辉映。

将菜、点有机组合在一起成为一盘合二为一的菜品，这种构思独特、制作巧妙之法，使顾客在食用时能够一举两得，既尝了菜，又吃了点心；既有菜之味，又有点之香。如近几年创制的"夹饼榄菜豇豆""生菜鸽松薄饼"，取用荷叶夹、薄饼包菜食之；而"鲜虾酥皮卷"利用新鲜的大河虾或基围虾与明酥皮一起，将酥皮按顺序绕住虾身，油炸后，红红的虾体绕着一身层次分明的酥皮，面皮酥脆，虾肉鲜嫩，构思独特。

从上面的分析中，可以看出，菜点组合方法的运用是很有潜力可挖的，其创新之法是一种十分活跃的技法，它可以把不同的菜点、不同的风味、甚至风马牛不相及的菜、点、味、法合在一起，并使组合品在风格或特色上发生变革，这种技法的运用，体现了"组合就是创造"的基本原理。

采用菜、点组合时，首先要选择好组合方式，当组合方式确定后，就要重点考虑组合元素之间的结构联系，以便形成技术方案的突破，制成受广大顾客欢迎的新菜品。

水果虾仁茶馓

赏析： 利用各式水果炒制虾仁等海鲜是港、粤及东南亚地区十分畅销的菜品。水果制菜，南洋华侨食之较早，现普遍流传到全国各地。水果炒虾仁，色彩明快诱人，其味爽脆嫩鲜，其色黄白淡雅，实属夏令时节一道上乘美味。用现做的茶馓缀配，酥香与鲜嫩搭配，可产生特殊的美味感。此菜在制作中需注意的是：要保持各式水果的爽脆，不可使水果在锅中时间过长，以免影响其口感和风味。

水果虾仁茶馓
\
南京 – 吉祖贫 – 制作

六、移花接木法

随着改革开放的不断深入，餐饮行业最终打破了传统的地区性隔阂，各地烹调师们在新形势下得到了广泛的交流。全国各地交通的便捷，又把各地区的距离不断拉近，餐饮市场的竞争也顺应社会的发展而越趋激烈。

随着各地经济的发展，市场的活跃，各大菜系开始乘强劲的经营势头抢滩各地的餐饮市场。其实，这不仅仅是餐饮业者的市场理念所致，更是广大餐饮消费者的需要和愿望使然。丰富多彩的生活给人们带来了更多的选择，也给广大烹饪工作者开足了眼界。20世纪80年代开始，嫁接其他地区的菜品为我所用就不断得到人们的响应，"走出去、请进来"的方式一度在餐饮界十分流行，各地的外帮风味餐馆也不断地多起来。且不说这种现象、这种趋势的不断发展，而在烹饪技术和菜品开发上，这种强劲的东风也不断地增强和扩展。特别是四川菜和广东菜在国内争奇斗艳，其挺进的速度特别迅猛。

1. 地方菜品的巧妙嫁接

地方菜品的嫁接，即是将某一菜系中的某一菜点或几个菜系中较成功的技法、调味、装盘等转移、应用到另一菜系的菜点中以图创新的一种方法。从古到今，菜点创新从来就没有离开这一方法。

全国的饭店在引进其他菜系的基础上循序渐进、嫁接改良取得了不少好的效果。20世纪90年代，南京中心大酒店一位年轻厨师制作了一款"鱼香脆皮藕夹"采用了地方菜品的巧妙嫁接，其特点鲜明。究其产生的风格特色，他

苦荞鳕鱼狮子头

赏析： 原料的千变万化，造就了狮子头的不同风格：蟹粉狮子头、雪菜狮子头、河蚌狮子头、鱼羊狮子头等都是由于原材料的嫁接而成。鳕鱼狮子头就是其变化之一。此菜的创意还在于苦荞熬粥的特色与功能，其特殊的口感、营养价值和食疗功效，造就了菜品的卖点。在熬制苦荞粥时，南瓜应迟点放，火要小，至蛋白质及胶质充分溶解，使其酥烂、稠黏时再放入，风味更佳。

苦荞鳕鱼狮子头
\
南京 - 孙谨林 - 制作

将几个菜系的风格融汇一炉：取江苏菜的藕夹，用广东菜的脆皮糊，选四川菜的鱼香味型作味碟，这确实动了一番脑筋的。江西赣州厨师制作的"臊子蒸鲈鱼"，其制法是采用广东清蒸鱼的方法，蒸好后煸炒麻辣猪肉末，盖浇在清蒸鲈鱼上，其口感鲜嫩、微带麻辣，既有广东风格，又具四川风味，别有一番特色。

无锡大饭店的厨师采用粤菜选料广泛，江苏菜制作严谨、注重造型，川菜的突出口味、注重调味的各派之长而创作的"蒜泥仔鲍""三味鲜鲍片""栗子胖鱼头""顶级焗鱼嘴"等一系列嫁接改良性菜肴。自开业以来就引进了四川菜的麻婆豆腐、蒜泥白肉、回锅肉片、樟茶鸭子、鱼香肉丝、担担面等一系列四川品牌菜点。除了保持这些正宗菜品以外，他们还拓宽市场，嫁接改良了不少适合当地人口味的品种。如针对江南人爱吃湖鲜的爱好，他们制作了由传统菜引入特殊技艺的"菜心三鲜酿生麸""雪菜如意排籽虾"等，地方菜嫁接的"香辣豆腐烧澳龙""芹菜肉酱小青龙""椒盐炒虾球""酥皮虾蟹斗""五彩白鱼圆""锅贴银鱼""三味香酥大银鱼"等一系列菜肴，都是深受顾客好评的创新菜肴。

2. 地方菜的异地经营与结合

将南方的菜搬到北方去，将北方的菜搬到南方来。这是当今许多餐饮企业的一种经营思路。北京的谭家菜到南方经营，南方的广东菜深入到北方拓展，西南的四川菜打到全国各地。在北京、山东、河北等地经营江苏淮扬菜的餐厅，把原汁原味的淮扬菜带到了北方，有些与当地原料、技法的结合，取得了较好的经济效益。多年来，在北方形成很大的影响，每天顾客盈门，其生意一直很稳定。他们把江南的菜品搬到北方去，以经营地道

酥棒芦蒿鱼饼

赏析： 这是采用南京本地原料、嫁接西方烹饪特色技术而创作的菜肴。芦蒿鱼饼，脆在芦蒿，嫩在鱼肉，香在煎制；黄油酥卷鱼片，有菜有点，还有蛋香和芝麻香味；土豆泥上浇入黑椒汁，增加了菜肴的另类风味，使得这道菜品不仅展现出金陵菜肴的风格特色，而且融入了西方烹饪技术的元素。

的江南菜和改良的江南菜为主。其原料包括江南的湖鲜、长江的江鲜、南京的鸭子和许多特色的蔬菜等。除此之外，厨师长们经常到江南考察交流，关注、了解本土的新动向，并抽出时间去上海、杭州以及江苏各地有特色的餐厅去了解和品尝菜品，回到北方以后，把最新的流行菜、特色菜带回来，有的再进行有机地嫁接和改良。他们开发的泡菜狮子头、麻饼牛肉松、香鲜太湖虾、鱼腩锅贴、香雪美人蛏、淮扬炒软兜、雪菜煎包等在当地产生了强烈的反响。

广东菜打入北京、上海、南京等地也是在个性特色的基础上吸引着当地的食客的。北京的谭家菜也纷纷向南方挺进，由于其原料的档次和制作上的火工特点，同样也博得了南方城市人的由衷喜爱。

10多年前，杭州、宁波菜一直在向沪、苏、锡、常、宁方向挺进，在沪宁线上占据了重要的地位，其原料大多都从浙江货运而来，特别是宁波的水产原料，但由于受到地域的限制，他们最远只能以南京为界，再向北其海鲜的品质就大打折扣，口味就受到影响，体现不出特有的风格特色。他们一方面利用本地原材料；另一方面利用当地常用原料并大胆嫁接当地菜品，这也是浙江人经营之高明。

到异地开发餐饮，做本地的菜品，就必须追溯到最初的供应地。俗话说："利在源头"。因此，经营者的眼光一定要投注在原料流通的源头上，然后将优质的原材料用当地的调味方式料理，定然是地道的风味特色菜品。

3. 某一菜品的
   扩展与嫁接

地方菜的嫁接，也不局限于同一菜系之间的创意。具有近千年历史的"扬州狮子头"，在广大厨师的精心制作下，江苏历代厨师移植制作了许多品种，如清炖蟹粉狮子头、灌汤狮子头、灌蟹狮子头、八宝狮子头、荤素狮子头、马蹄狮子头、蟹鳗狮子头、蛋黄狮子头、泡菜狮子头、鱼肉狮子头、初春的河蚌狮子头、清明前后的笋焖狮子头、夏季的面筋狮子头、冬季的凤鸡狮子头，等等，都是脍炙人口的通过嫁接出新的江苏美味佳肴。

嫁接移植为菜点的创新打开了一扇窗户。已故苏州特一级烹调师吴涌根师傅创制了上百道菜点，其中许多品种采用了嫁接之法。被收入《中国名菜谱·江苏风味》的"南林香鸭"，是移植传统的"锅烧鸭"再改制的名菜，改全蛋糊为脆皮糊，并辅之以虾仁、芝麻、花生粉、肥膘及各种香料，菜肴香味浓郁，松脆鲜酥，既食用方便，又美观大方，若佐以甜面酱、辣酱油，又是一番风味。

4. 移植嫁接带来新创意

嫁接，带有"拿来主义"的味道，但它绝不是简单的拿来就用，而是在借鉴中嫁接创新，没有创新的嫁接，只是一种缺乏新意的模仿学习。

江苏太湖地区的苏锡船点始于明清画舫之中，利用米粉面团的可塑性捏塑成姿态各异的花鸟鱼虫、飞禽走兽，点心师傅的独特工艺堪称一绝。它的创制始于何人，我们无法稽考，但似乎可以这样想，其工艺或多或少受无锡传统民间工艺的"惠山泥人"彩塑影响。唐宋以来，著名的江南风景区无锡惠山脚下，就有"家家善彩塑，户户做泥人"之说。明代《陶庵梦忆》中对无锡泥人有详尽记述，惠山泥人，系用无锡惠山特有的濡润黏土为原料，选择人物、飞禽、走兽等为创作对象，以绘、塑结合，夸张浪漫的手法造型；根据不同作品的需要，敷以各种鲜明的色彩，用流畅线条精心勾勒，而制成各式泥玩。明清苏锡船点的制作难道不是画舫中包馅米团嫁接泥人的塑造工艺吗？

在中式点心的创制中，广东率先运用澄粉制作点心，特别是利用澄粉制作的"朝霞映玉鹅""像生白兔饺"，捏制成白鹅、白兔，一度影响全国饮食业，应该说它是移植苏锡船点中米粉捏塑的工艺而立意创新的。白鹅、白兔的制作、装盘，不同的神态，汇聚成一个大拼盘，将粉点又创作成新的风格。

广东菜在很大程度上是采取嫁接之法而不断丰富菜肴品种的。如广东的叉烤乳猪、金陵片皮大鸭、冬瓜盅、松子鱼等就是移植了江苏菜系中的菜点，但它进行了改变，广东菜的特色之一就是"兼容善变"，它"集技术于南北，贯通于中西，共冶一炉"，然后博采众长，自成一格。在粤菜的品种里，不仅可以看见江苏菜的痕迹，也可以看见鲁菜的影子，如扒、烧等技法。正是这种品种兼容、原料兼容、制法兼容、调味兼容中，广东菜"变"出了风格。

七、以素托荤法

利用相关或不同的原料替代某一种原料来进行设计创制菜肴，自古及今都是平常之事。替代的东西目前在社会上已很流行了。不少人喜爱钻石戒指，由于收入不宽裕，常常购买以假乱真的"替代品"；人们非常喜欢镀金手表，但黄金是一种贵金属，价格昂贵，数量有限，所以人们就用其他金属来替代黄金；现在的瓶盖垫片用塑料（纸发泡）替代了原来的橡胶垫片，使国家节约了大量的橡胶。

菜肴的创制中使用"以素托荤"的思考方法并不复杂，在餐饮行业中运用得也较广泛，也取得了意想不到的效果。

江浙沪一带比较流行的一款菜品"赛东坡"，此菜块状整齐、色泽红润、软韧光亮，活脱脱的是一盘"东坡肉"，一般人在食用时若不知真味就会感到肥腻而不敢食用。这是一盘"以素托荤"的菜肴，取用冬瓜为原料，其形、其色、其味都是模仿"东坡肉"制作的，以红曲米粉显其红色，装盘时别具一格，四周配上绿叶蔬菜，真叫人难辨真假。这正是以假乱真创新而产生的制作效果。

以素菜原料制作成像荤菜一样的菜肴，这是一种创造性的制作。我国古代菜肴制作中就出现了许多以假乱真的替代原料的菜肴。在宋朝时代，已有假炙鸭、假羊事件、假驴事件、假熬腰子、假蛤蜊、假河豚、假鱼圆、假乌鱼、假驴事件、虾肉蒸假奶等30多个"以素托荤"的菜肴。这些菜肴，利用植物性原料，烹制像荤菜一样的肴馔，其构思精巧、选料独特，常给人以耳目一新之感。较有特色并有详细制作记录的如林洪《山家清供》，有一味叫"假煎肉"："瓠与麸薄切，各和以料煎（麸以油浸煎，瓠以肉脂

红烧素肉
\
邵万宽 - 摄

红烧素肉

赏析： 红烧肉是人见人爱的传统美食，也是我国百姓生活中不可或缺的家常菜品。厨师们为了满足不同消费者的进食欲望，对那些不爱吃肉或不喜欢肥腻的客人设计了风格特色相近的品种，并产生了"以素托荤"式的仿制菜，并将其命名为"赛东坡"。如利用冬瓜制成的"红烧肉"，"肉"下面垫一些炒制的绿叶素菜，宛若真品一般。此菜利用南瓜改刀，南瓜的外皮酷似猪肉的外皮，中间夹一层厚厚的芋头片，起到了以假乱真的效果。

煎），加葱、椒油、酒共炒。瓠与麸不惟如肉，其味亦无辨者。"这就是用瓠与麸（面筋）制作成带有肉味的"假煎肉"，可与肉媲美。

在宋代食谱的记录中，大多是简单的菜名或菜单，缺少那种详细的方法介绍，进入明清时期，这样的食谱较为丰富。如清代《食宪鸿秘》中记有"素肉丸"："面筋、香蕈、酱瓜、姜切末，和以砂仁，卷入腐皮，切小段。白面调和，逐块涂搽，入滚油内，令黄色取用。"肉圆用多种素料制成，通过卷、切，裹面糊油炸而成。《随园食单》有"素烧鹅"，用山药制成："煮烂山药，切寸为段，腐皮包，入油煎之；加秋油、酒、糖、瓜姜，以色红为度。"用腐皮制作，再用调料卤制，比较接近现代的方法。《调鼎集》中记载有多种"以素托荤"菜肴，如"面水鸡"："取紫苏嫩叶、黄酒、酱油，少加姜丝和面，拖水鸡，油煎。""素水鸡"："又将面和稠，入紫苏嫩叶、香蕈、木耳丁，少加盐、油，炸脆。"另一种"素水鸡"："藕切直丝拖面，少入盐椒油炸。"这是利用素料拖面糊油炸而成，成菜后较像水鸡肉的口感，嫩且有咬劲。

翻检中国饮食谱，我国寺院菜与民间素菜中利用改变原料替代制作菜肴亦十分普遍。诸如素香肠、素熏鱼、素火腿、素烧鸭、素肉松以及那些荤名素料的炸虾球、酥炸鱼卷、脆皮烧鸡、糖醋排骨、糖醋鲤鱼、松仁鱼米、芝麻鱼排、南乳汁肉、鱼香肉丝、烩海参、炒鳝糊、清蒸鳜鱼等，这些利用豆制品、面筋、香菇、木耳、时令蔬菜等干鲜品为原料，以植物油烹制而成的菜肴，以假乱真，风格别具，从冷菜、热菜、点心到汤菜，样样都可创制出新鲜的素馔来。

自古以来，我国厨师运用以素托荤法制作素馔的技艺是相当高超的。如利用豆腐衣可制成素熏鱼、素火腿、素烧鸭；烤麸可制成咕咾肉、炸熘荔枝肉；水面筋可制成炒鸡丝、炒牛肉丝、炒鱼米、炒肉丝等；马铃薯可制成炒蟹粉、素虾球、炸鱼排；水发冬菇可以制成炒鳝糊、素脆鳝；黑木耳可制成素海参；粉皮可制成炒鱼片、蹄筋等。"翡翠鸡丝"是以熟水面筋切成细丝与青椒丝配炒而成；"炒蟹粉"是以土豆泥、胡萝卜泥与笋丝，水发冬菇丝与姜末一起煸炒而成；"茄汁鱼片"是以粉皮切成长方片与荸荠片、胡萝卜片加番茄酱炒制而成；"虾子冬笋"以素火腿切成细末替代"虾子"与冬笋炒制；"松仁鱼米"以水面筋切成小方丁替代"鱼米"与松仁、红椒丁炒制；"三鲜海参"是以黑木耳切成末与玉米粉加水等调料，用刀把面糊刮成手指形，下温油锅氽成海参形，然后配三鲜一起烩制；"酥炸鱼卷"用豆腐衣包上土豆泥，卷成长条，拖薄糊，放油锅中炸至金黄……总之，有什么样的荤菜，这些素菜大师们总能用替代法模仿制作出来。

改变原料使其替代制作成肴，可以使菜馔色、形相似，而香、味略有变异。这种运用以素托荤的仿制技艺制作而成的特色素馔，其清鲜浓香的口味特点，淡雅清丽的馔肴风貌，标新立异的巧妙构思，确实不同凡响，可以给宾客有以假乱真之趣和喜出望外之乐。

上海功德林创设至今已近百年的发展过程，在素菜制作中，有素菜荤烧的菜肴近千个品种，其制作方法与众不同，独树一帜。他们的许多菜品都是素菜荤名，"以素托荤"，除了口味上的要求外，还必须要求形态逼真。为此，功德林的师傅们在刀工上下功夫，用素菜原料制作成鸡、鸭、肉、走油肉、鱼圆等几能乱真，如传统特色品种"鲫鱼冬笋"，创新品种"象牙冬笋"，就是冬笋经过刀工成形，不但口味鲜香脆嫩爽口，而且形象美观，富有艺术性。如"翡翠鸡片"荤素莫辨；"素鱼圆"透明逼真。

变换原料的思考创新，即是将原有的菜品改变原料并保持原有的风格特色，使其达到以假乱真的效果。此设计方法在烹饪操作中运用也极其广泛，而且也博得了社会的一致赞誉。如利用蔬菜原料制作的"素鲍鱼"可以乱真。用灵芝菇制作的素鲍鱼称"灵芝鲍鱼"，通过加工烧制，从外形、口感上基本都与鲍鱼口感相似，灵芝菇的韧性、咬劲，许多人难以辨别；用白萝卜、冬瓜也可以刻制成鲍鱼外形，配上绿叶蔬菜，也可以烹制成"红烧鲍鱼"。如今市场上的"素熊掌"用专门的熊掌模具刻制，拿来直接加工烧制，俨然一个"真"的熊掌。其他如"素虾仁""素蟹柳"亦然。

菜品的真假能否辨别出来，这就在于烹饪中运用替代法的技艺。曾有几位厨师朋友在一起品菜，厨房端上来两盘"脆鳝"，从外形看，两盘没有什么区别，色泽也完全一样，然后拿来品尝，口感也差不多，谁真谁假一时难断。应该说，厨师的技艺实在是高，脆鳝，是以鳝鱼肉放入八成热的油锅中初炸后再复炸，直至炸脆后淋汁；素脆鳝是以水发香菇去蒂后，用剪刀沿边盘剪成长条，似鳝丝状，调味后拍上干粉放热油锅中炸至酥脆后淋汁。两者都是乌光油亮呈酱褐色，松脆香酥，卤汁甜中带咸，只是两者的香味略有差异而已。

以素托荤法的运用，使得菜品变化更加多样，顾客在食用品尝时边揣摩、边品味，更增添了饮食的情趣，同时也增进了顾客的进食欲望。而在现代的原料市场上，工业化生产的"以素托荤"食品原料十分丰富，如鱼翅是高档原料，由于价高量少，故许多食品厂商就研制替代鱼翅的"人造鱼翅"，其他如"人造海蜇""素乌贼"等，然而仔细想想，它的成功就是因为创造者在思维流程中，在寻求解决问题时，采用了"以素托荤法"的思考法则。

双色素鲍鱼
\
邵万宽 – 摄

双色素鲍鱼

赏析："以素托荤"之法古已有之，近现代更加风行，这是素菜不断发展变化的结果。通常人们习惯用灵芝菇制作成素鲍鱼，灵芝菇具有韧性，口感可与真鲍鱼媲美，可以假乱真。此品用较普通的南瓜、土豆两种不同颜色的原料雕成鲍鱼形，原料易得，形状易刻，用鲍鱼汁烹制，双料双色，成品风采不减。需要注意的是南瓜、土豆的加热时间不能过长，以防止形状破损而影响美观。

八、古为今用法

"古为今用"，推陈出新，本是一项文艺创作方针，作为菜点创新的一种方法，则是利用古代菜点制作技术和文化遗产来开启思路，构思富有民族特色的新款菜点。

将古代的烹饪文化遗产整理、开发，我国各地已做了大量的工作。20世纪80年代，在菜品创新的浪潮下，很多地方的餐饮工作者和专家们联手，从烹饪文化遗产中去开发，由此，全国各地涌现了一大批的仿古菜、仿古宴。诸如西安的"仿唐菜"，杭州的"仿宋菜"，北京的"仿膳菜"，曲阜的"孔府菜"，南京的"随园菜"，扬州的"红楼菜"，徐州的"金瓶菜"等，其探古创作之风已在全国各地生根、开花，并取得了丰硕的成果。

古为今用，首先要挖掘古代的烹饪遗产，然后加以整理、取舍，运用现代的科学知识去研制。只要广大烹饪工作者有心去开发、去研究，都可挖掘整理出许多现已失传的菜点，来丰富我们现在的餐饮活动。

在琳琅满目的古代食谱中，冷菜、热菜、糕点、小吃花样繁多，各种不同的烹调方法繁花似锦。要说古代的中国菜肴特色最鲜明的不仅仅是品种多、方法精，更体现的是技艺绝。通过对我国古代菜肴的检索研究，发现不同时期的菜肴翻新，最引人入胜的体现在主辅原料的变化上，一盘菜肴内外不同原料的变化组合就可能出现意想不到的效果，这就是古代菜肴革新的技巧。通过这些不同技艺、不同手法的变化，也为我国古代菜肴工艺变化出新和花样繁多奠定了基础。在对这些菜肴的分析中，不难看出中国古代厨师的聪明才智和不断革新的创作精神。

在北魏《齐民要术》中记有一道别样的酿制菜肴，叫"酿炙白鱼法"："白鱼，长三尺，净治。勿破腹，洗之竟，破背，以盐之。取肥子鸭一头，洗治，去骨，细剉。鲊一升，瓜菹五合、鱼酱汁三合。姜桔各一合、葱二合、豉汁一合，和，炙之令熟。合取，从背入著腹中，串之。如常炙鱼法，微火炙半熟。复以少苦酒，杂鱼酱、豉汁，更刷鱼上，便成。"这是一道在白鱼中酿鸭肉之菜。其工艺是将鱼的背部剖开，当酿入调制好的鸭肉以后，封口串之，烤炙成熟，味香无比，鱼肉中掺入了鸭肉，外鱼内鸭，一菜双味，一举两得，手法新颖。

宋代林洪所撰的《山家清供》中还记载了一道"莲房鱼包"菜，因其制作独特，他便用心记下："将莲花中嫩房，去穰截底，剜穰留其孔，以酒、酱、香料加活鳜鱼块，实其内，仍以底座甑内蒸熟。或中外涂以蜜出碟，用'渔父三鲜'供之（三鲜：莲、菊、菱汤齑也）。"这是在嫩莲蓬中挖出莲子，然后把调好味的鳜鱼肉塞进莲子孔中，宛然一个完整的莲蓬，但内心却是鱼肉填充。此品用莲、菊、菱汤佐餐，更体现了较高的档次和技术水准。食用时鱼的鲜嫩，而"三鲜"的清香雅致，真乃是菜肴的极品。

元代《居家必用事类全集》中记载了的"油肉酿茄"，其制法曰："白茄十个去蒂。将茄顶切开，剜去瓤。更用茄三个切破，与空茄一处笼内蒸熟取出。将空茄油内炸得明黄，漉出。破茄三个研作泥。用精羊肉五两切臊子，松仁用五十个，切破，盐、酱、生姜各一两，葱、橘丝打拌，葱醋浸。用油二两，将料物、肉一处炒熟，再将茄泥一处拌匀，调和味全，装于空茄内。供蒜酪食之。"该菜肴是将羊肉末、松仁末、茄子泥用调料调拌后酿入去瓤的茄子中，宛如一个完整的茄子，可谓出神入化。这些都是古代菜肴制作工艺的革新之品。

八宝肉圆

南京－蒋云翀－制作

八宝肉圆

赏析： 我国古代菜品丰富多彩，历代烹饪古籍中记载的菜肴、点心绝大多数都被继承下来，但也有不少已失传。清代袁枚《随园食单》中的菜品，都是经过袁枚亲自品尝记录下来的。他在南京生活了50余年，一款"八宝肉圆"特色鲜明："猪肉精肥各半，斩成细酱，用松仁、香蕈、笋尖、荸荠、瓜姜之类，斩成细酱，加芡粉和捏成团，放入盘中，加甜酒、秋油蒸之。入口松脆。"这款特色的"肉圆"菜肴，今南京人将其恢复制作，除上述原料之外，增加了豆腐、鸡蛋、白芝麻共八种原料一起制成。选用古色古香的盛器，色泽红润，松脆适口。

明代韩奕《易牙遗意》中记载的"酿肚子",是"用猪肚一个,治净,酿入石莲肉,洗擦苦皮,十分净白,糯米淘净,与莲肉对半,实装肚子内。用线扎紧,煮熟,压实。候冷切片。"这是在北魏时期基础上的革新之品。在猪肚中酿入莲子肉和糯米,有荤有素,有饭有菜,一菜多味。

清代袁枚《随园食单》中记载的"空心肉圆"是肉圆中酿冻猪油,成熟后油化则空心:"将肉捶碎郁过,用冻猪油一小团作馅子,放在团内蒸之,则油流去,而团子空心矣。"此创意是很特别的,袁枚品尝后说"此法镇江人最善",后来在当地演变成"灌汤肉圆""灌汤鱼圆",改"冻猪油"为"皮冻",一口咬下,汤汁饱满,效果绝佳,已成为江苏名菜。

古典文学巨著《红楼梦》,可谓家喻户晓,如果你细心精读的话,《红楼梦》中的确有多处描写过"吃的文化",如贾母赠送瓜仁油松瓤月饼给谱笛,刘姥姥受宠若惊地品尝大观园里的山珍海味,宝姐姐派人给林妹妹送美味可口的蜜香果等。20世纪80年代初,北京市糕点食品公司的有识之士,的确想到了这个好主意,并真抓实干地让"红楼糕点"变成了现实。后来,红楼糕点公开上市,首都居民争相购买。有些顾客为了能买到一套"红楼十二钗"远送国外亲人,竟提前3小时到商店门前等待。

红楼糕点的故事虽然不再有新闻价值,但是有识之士古为今用、推陈出新的思维方式永远值得推崇。因为它能帮助我们在发掘古代文化或科技遗产过程中做出新的发明创造。

20世纪90年代山东济南推出新的探古宴——"金瓶梅宴",市井美食"金瓶梅宴"是根据古典文学名著《金瓶梅》关于饮食宴饮的记载创制的,他们共开发创制菜点200多款,内容有"家常小吃宴""四季滋补宴""梵僧斋素""金瓶梅全席"等六个系列。菜品制作、程序安排、宴饮风格及酒茶的配备，反映了明朝中晚期商贾大户的饮食风貌，又是历史市井美食的再现。1999年8月，"金瓶梅宴"的创制者李志刚先生应邀赴台湾参加台北中华美食展，"金瓶梅宴"引起轰动，18000台币一桌的"金瓶梅宴"场场客满，谱写了中华美食古为今用的又一新篇章。

古为今用法的关键在于推陈出新，制作者在借助现代科学技术的力量，使传统的烹饪技法、菜点品种、风味特色、数量、质量上均得到新的发展。由此，再现古风，让人们发思古之幽情，是探古搞创新的常用招式。

这里略举几例，供大家品味、创新。

蟹酿橙。宋代林洪《山家清供》："橙用黄熟大者，截顶剜去穰，留少液。以蟹膏肉实其内，仍以带枝顶覆之。入小甑（蒸锅），用酒、醋、水蒸熟。用醋、盐供食。香而鲜，使人有新酒、菊花、香橙、螃蟹之兴。"此菜已在杭州研究发掘并仿制后经营。

酒酿蒸刀鱼。清代袁枚《随园食单》："刀鱼用蜜酒酿、清酱放盘中，发鲥鱼法蒸之最佳，不必加水。发嫌刺多，则将极快刀刮取鱼片，用钳抽去其刺，用火腿汤、鸡汤、笋汤煨之，鲜妙绝伦。"此菜已在南京研制并推出。

茄鲞。清代曹雪芹《红楼梦》："才摘下的茄子，把皮刨了，只要净肉，切成碎丁子，用鸡油炸了。再用鸡肉脯子合香菌、新笋、蘑菇、五香豆腐干子、各式干果子，都切成丁儿，拿鸡汤煨干了，拿香油一收，外加糟油一拌，盛在磁罐子里，封严了。要吃的时候儿，拿出来，用炒的鸡瓜子一拌，就是了。"此菜已在扬州研制推销。

中国饮食文化博大精深。利用老祖宗留给后人的文化遗产，无疑是一道金光灿烂的发明创造大道。古为今用，永无止境。让我们在菜品制作中继往开来，在发明创造中再创辉煌。

蟹酿橙
\
南京 - 林宝华 - 制作

蟹酿橙

赏析： 这是一款古代菜肴的翻新之作。此菜来源于宋代林洪所撰
的《山家清供》一书。书中的记载是相当精彩的，不仅口味新，
造型也很奇异，名曰"蟹酿橙"。以橙作器，去瓤，留液，纳入
蟹膏蟹肉，"仍以带枝顶覆之"，"香而鲜，使人有新酒、菊花、
香橙、螃蟹之兴。"这款菜肴的制作是颇具匠心的，制作过程详
尽，调味用料明细，有味碟调配佐食，品尝时，多味并举，其味
无穷。

九、巧用脚料法

　　每个饭店的厨房里每天都有一大堆的下脚料，按常规，废料可弃。假如我们做一个有心人，将一些可弃之的"废料"作一些综合利用，或许还能节约不少成本，产生较好的价值。

　　厨房里的下脚料许多是可以充分利用并能开发出新菜品的。先举两个小小的例子。广州著名的风味小吃"鸡仔饼"，成名已有100多年的历史。其制作过程，是个有钱人家叫小凤的婢女利用客人宴席上吃剩的肉菜与面粉和梅菜汁一起制成饼块而烘干的。她制此饼是为了防止吃不饱时拿出来充饥，不料，一些客人们尝了以后竟连声称道，后来在成珠楼经营后，生意越做越红火，成了广东著名的点心，利用剩菜制成的"鸡仔饼"，也一直流传至今。这是充分利用下脚原料而成的著名食品。

　　江苏淮安的厨师，在鳝鱼上动了不少脑筋。淮安盛产鳝鱼，且以"笔杆青"品种而闻名。当地厨师在每天丢弃掉的鳝鱼骨中做文章，因为鳝鱼的骨头含钙质丰富，弃之实在可惜。厨师们将剔净的鳝鱼骨煮熟以后斩成段，撒少许盐，拍撒吉士粉，放入油锅中炸至酥脆，上桌后，色泽淡黄，酥香爽口，博得了就餐者的普遍认可，由此吸引了众多的顾客前来品尝。

　　利用下脚料创制菜肴，需要广大厨师做一个有心人，并善于发现独特的原材料。做鱼剩下的鱼肚累积起来可用来做鲜鱼肚系列的菜；整鸡剩下的鸡肾可累积起来做成其他菜品，剩下的鸡脚可以交给凉菜师傅做凉菜等。中国厨师利用下脚料烹制菜肴佳品迭出。鲢鱼头，大而肥，江苏镇江的"拆烩鲢鱼头"，利用鱼头煮熟出骨，用菜心、冬笋、鸡肉、肫肝、香菇、火腿、蟹肉配合烹制，头无一骨，汤汁白净，糯黏腻滑，鱼肉肥嫩，口味鲜美，营养丰富，达到了出神入化之效。江苏常熟名菜"清汤脱肺"，为1920年山景园名师朱阿二创制而成，他以下脚料活青鱼肝为主料，配之火腿、笋片、香菇等烹制成清汤，鱼汤为淡白色，鱼肝粉红色，汤肥而糯，鱼肝酥嫩，味鲜而香，在当地普遍受到欢迎。

巧用下脚料烹制菜肴，只要构思新颖、巧妙，就可形成美味佳肴。南京人以吃鸭闻名，其鸭菜驰名国内外。除正常使用鸭肉外，厨师们充分利用鸭子的下脚料，精心加工，烹制了许多脍炙人口的美味佳肴。鸭胰、鸭肝、鸭心、鸭肠、鸭血、鸭骨、鸭油均可充分利用制馔，并制出了许多闻名遐迩的名肴。"美人肝"为马祥兴清真菜馆名菜，取用鸭胰白作主料，由于鸭胰其量甚微，极少为人重视，菜馆积少成多，用作主料，可谓匠心独具。鸭血、鸭肠烹制的"鸭血汤"，味美独特，十分爽口；烤鸭中的鸭骨烹制的"鸭骨汤"醇香扑鼻。真乃异彩缤纷，无所不烹。只要构思巧妙，下脚料也可制成独有特色的新菜来。

鱼鳞往往被人们当作废物丢掉，其实这是很可惜的。因为鱼鳞是一种营养价值不菲的可食品，鱼鳞中含有丰富的蛋白质、维生素、脂肪和钙、磷等矿物质，因而具有较高的保健价值和止血功效，并且有增强记忆力和控制脑细胞衰退的功能。鱼鳞的食用方法，有制冻与油炸两种：制冻法，选用鲤鱼、鲫鱼、青鱼等鳞片较大的鱼鳞，去掉杂质，淘洗干净，沥干水分，加上醋、姜、酒等作料，放到锅内煮到汤呈糊状，捞出鳞片渣，冷却即成鱼鳞冻。油炸法是将鱼鳞洗净黏液，烘干，裹上淀粉或蛋液，或者吉士粉，用热油炸成金黄色，捞出后再加入调料，酥脆可口，

鱼香锅巴鱼
\
南京－王彬－制作

鱼香锅巴鱼

赏析： 锅巴，古称"锅底饭"。用锅巴做菜在我国古代就已为之。经烘烤油炸的锅巴，口感自然是香酥而脆，特别适合年轻人享用。此菜制作简便，是现代餐饮市场中值得推广的菜品，口味好，又不费工费时，适合批量生产。将鱼肉蘸着不同的调味料食用，可受到不同食客的欢迎。

是一道极别致的佳肴。

炎热的夏天，西瓜成了人们消夏祛暑的佳品，人们在享用了西瓜瓤的美味之后，往往将西瓜皮丢弃。其实西瓜皮不但味道清淡可口，还有利尿导湿、清热解暑、生津止渴等功效，扔了实在可惜。西瓜皮可做的菜品较多，如西瓜鸡、凉拌白丝、油爆金银丝、凉拌瓜丝肉、瓜皮炒肉片等。

随着人们生活水平的提高，人们的饮食开始趋向返璞归真、回归自然，过去不登大雅之堂的下脚料，一反常态，堂而皇之地走上了宴会的桌面。大肠、肚肺、猪爪、凤爪、鸡睾、猪血，等等，已经在宴席上频频出现，并得到广大宾客的青睐。厨房里切肉丝、肉片和牛肉丝、牛肉片等剩下的余料可留着做碎肉，可研制成其他菜品，也可以制成各式肉酱，如XO酱，南方不少饭店餐厅里所卖的调味酱或餐厅的调味碟，都是这些天然的下脚原料与鸡肉、牛肉、干贝、小虾等一起熬制而成的；平时的剩饭可在厨房煎成锅巴，做成不同的锅巴菜肴；用剩下的萝卜皮可做成泡菜的配料，亦可腌渍、糖渍成凉菜或小菜等。制作豆腐的豆腐渣，也是创制菜肴的好材料。四川有传统名菜"豆渣烘猪头"，其味美不可言，十分爽口。香港一些菜馆利用其制作"豆渣饼""豆渣丸子"影响一方，还可与其他荤菜一起烧制，都是不错的佳肴。山区、丘陵地带种植的山芋藤、南瓜藤也是宴席菜肴中的特色素菜，纷纷被大酒店广泛利用，并得到广大宾客的普遍喜爱。江西井冈山地区的"南瓜花"是制作菜肴的极好材料，"南瓜花鸡蛋汤"鲜美异常、清鲜爽口，"香炸南瓜花"酥松清甜、美味芳香。

巧用下脚料，关键就是要"巧"，巧，可以出神入化，化腐朽为神奇，充分利用可食的下脚料创造新菜，这需要创造性的思考。

豆渣白玉饼

赏析： 豆渣是制作豆腐、豆浆剩下的下脚料。在贫困年代，它曾是贫苦百姓维持生命的粗粮，家境条件较好者抑或用于喂猪。后来民间乡村也有用磨完豆浆剩下的豆渣混合粉、面、蛋等做成饼状食品。而今，有饭店面点师巧将豆渣与糯米粉掺和，加入椒盐、辣椒酱与小香葱花，再加豆浆、鸡蛋一起和面，制成色如白玉的豆渣饼，许多食客相继点食，其口感松软糯滑，咸中微辣，成为健康可口、风味独特的佳品。

多年前，南京一家美食城以做淮扬菜出名，他们单卖"炒软兜"一菜一天就要几十盘。炒软兜取用鳝鱼背脊之肉，在卖出的同时，每天也给他们带来新的难题，即每天都剩余一大堆鳝鱼腹部肉，而腹肉菜"煨脐门"食者寥寥。饭店只有每天将其烧给职工吃，一两个月下来，职工天天吃确实也感到腻味、讨厌。为此，厨师们认为，只有制成新菜让客人们喜爱吃，才能减少麻烦。通过精心研究，他们创制了"鳝鱼糕"，让鳝鱼的腹肉下锅小火加调料煨烂，产生胶性，然后起锅倒入盘中使其冷凝，制成似羊糕的冷菜。如法炮制后，"鳝鱼糕"成了本店的特色菜，零点、宴会每天使用量大增，自此，几年来的老大难问题一并解决了。

下脚料的巧妙利用，不仅可以成为一方名菜，而且避免了浪费、减少了损失，并增加菜肴的风格特色。不少动物下水，口感独具，是其肉食难以达到的。当今，下脚料制作的菜肴品种迭出，像动物下水、食物杂料、下脚料件之类为原料的菜谱书籍，也都出现过不少，每本制作的菜肴都在百种以上，其爆炒溜炸、蒸煮焖煨样样俱全。实在无法利用，将下脚料整理干净、取可食部分，都可作砂锅、火锅之料，如砂锅鸡杂、砂锅下水，鸭杂火锅、下水火锅等，都是冬春之日的可口佳肴。

下脚料制菜可精可粗，只要合理烹制，都可成馔。只要我们开动脑筋，改变视角，即使在最不起眼的原料上或认为"不可能利用"的地方，也能巧用下脚料，实现化平庸为神奇、化腐朽为珍物的创造。对广大创造性的厨师来说，更应当更新观念，突破常规，争取在人们称之为下脚废料的地方发现创新的契机。

十、更材易质法

一盘色形味香、美轮美奂的菜点，完美无缺地展现在餐桌食客面前，但当人们动箸品尝时，却在蹊跷中品尝出特殊的、非同寻常的风味，此物非彼物，料中藏"宝石"。这正是"更材易质法"带来的奇特效果。

从改变菜点原料方面入手，也不乏创造性思考方案。由于偷梁换柱、材料变异，使原来之物发生了变化，菜肴上桌后，产生了另外一种特殊的效果。记得多年前有一次，和几个朋友到一家饭店用餐，厨师们做了一盘"什锦无黄蛋"，几个朋友感到鸡蛋十分蹊跷，琢磨半天一个也没看出破绽。这实际上就是厨师更材易质所致。鸡蛋是由蛋黄和蛋清构成，聪明的厨师在制作时已用针筒抽其蛋中之黄，填入另外的蛋中之清，制成无黄蛋，然后煮熟、改刀、烹制而成，道出原委后，朋友们方才恍然大悟（现今的无黄蛋直接用模具放蛋清蒸制，更为简单）。

鸡蛋营养丰富，味道鲜美，但由于其胆固醇含量较多，有不少人，特别是中、老年人心血管病患者望而生畏。富有创造性的人在想，能不能把鸡蛋"改造"一番，使其胆固醇降下来，从而使它既饱口福，又能保健，成为中老年的理想食品呢？科研人员目前通过改变鸡饲料的配方和造就特殊的饲养环境，使母鸡生出保健蛋来。国内外发明家对此进行了大量的研究，例如，有人让母鸡食用一种添加碘这种微量元素的饲料，"生产"出一种"约德里农蛋"；有人给鸡饮用中性水，饲料配以玉米、豆粉、酒糟，辅以必要的维生素和矿物质、微量元素，生产出名叫"低胆固醇"的药蛋。这是更材易质所致。

用此荤料代替彼荤料，这也是古人经常使用的创作方法。人们在制作中常采用脱胎换骨之法，用不同的原料代替主料，成菜后让人辨不清真伪，产生绝好的效果。这种制作方法记载的例子较多。如《居家必用事类全集》中的特色菜就有"假炒鳝""假鳖羹""假腹鱼羹"等。"假炒鳝"："羊膂肉批作大片，用豆粉、白面表裹，匀糁，以骨鲁槌拍如作汤粷相似，蒸熟，放冷。斜纹切之，如鳝生，用木耳、香菜簇打。鲙醋浇。作下酒。纵横切皆不可，唯斜纹切为制。"这是以羊肉加工调味制成的类似炒鳝鱼的风味。"假鳖羹"："肥鸡煮软，去皮，丝擘如鳖肉，黑羊头煮软，丝擘如裙栏，鸭子黄与豆粉搜和为卵，焯熟，用木耳、粉皮衬底面上，对装肉汤，烫好汤浇，加以姜丝、菜头供之。加乳饼尤佳。"这是以鸡、羊肉等烹制成像鳖羹一样的菜品。"假腹鱼羹"："田螺大者煮熟，去肠靥，切为片。以虾汁或肉汁、米熬之。临供，更入姜丝、熟笋为佳。蘑菇汁尤妙。"腹鱼为"鳆鱼"之误，即为鲍鱼。利用田螺肉做成像鲍鱼一样口感的菜肴。另一味"假香螺羹"也是利用田螺肉与鸭子黄、粉皮、粉丝加工，佐以盐、酱、椒末、橘丝、茴香等调料经过蒸、拌、再蒸、原汁浇后作羹食用。

《随园食单》中的"假牛乳"："用鸡蛋清拌蜜、酒酿，打掇入化，上锅蒸之。以嫩腻为主，火候迟便老，蛋清太多亦老。"此是以鸡蛋清、蜂蜜和酒酿等料来乱"真"的。《调鼎集》中的"假甲鱼"："将海参、猪肉、鲜笋俱切薄片，用鸡油、酱油、酒红烧，加栗肉作甲鱼蛋衬，油炸猪肚块。又，将青螺磨粉，和豆粉做片，如甲鱼裙边式。又，鸡腿肉拆下，同鸡肝片、苋菜烧，俨然苋菜烧甲鱼也。"此三种假甲鱼菜各式各法均有特色，可见古代人对菜肴制作工艺的追求与不断创新的取向。《调鼎集》中的"煨假元宵"："萝卜削元如圆眼大，挖空，灌生肉丁或鸡脯

酥皮焗扇贝
\
南京－居永和－制作

酥皮焗扇贝

赏析： 大千世界，风味万象。各地饮食的原料几乎相同，味道却差别甚远，制法也各有千秋。酥皮焗扇贝，以酥皮代替贝壳，将扇贝肉进行调味改造。利用鸡蛋、黄油、空气发酵原理而制成的千层酥皮，其口感嫩滑，带有黄油酥香，再与菜品配合，滋味丰润。原壳原味的扇贝，用酥皮来保持其鲜嫩和水分，使菜品的口感更具有层次性。

子，镶盖，入鸡汤煨。"其实，这是一种"偷梁换柱"的创制方法，此类菜往往能给顾客带来意想不到的效果，还可产生较好的经营效应。

江苏名菜"荷包鲫鱼"，从鲫鱼背脊处剖开，填上肉馅，入锅烹烧，制成后还是一条完整的鱼形。当食客动箸食用鱼时，腹中深藏着猪肉。此法来源于民间菜肴，这是人们巧妙组合原材料的结果，使得菜品更加吸引客人。无锡名菜"镜箱豆腐"因其外形似镜箱盒子故名。制作时，在豆腐中掏成空心，内装虾仁，烹制后豆腐馅心饱满，只形美观，细腻鲜嫩，食之味中有味，风味别具。

"红烧田螺"本是一款普通的菜肴。但当食用者品尝时，绝不是一般的烧田螺，制作者将田螺洗净，取出螺肉洗除肠杂，切成小块，与冬笋、香菇、葱姜、诸调料炒制成馅后，再将馅塞入大田螺内，盖上螺壳，宛若原样。这种别具一格的改变原料之法，匠心独运，带给客人的却是全新的概念。

金陵风味素以鸭馔著称，诸如烤鸭、板鸭、鸭舌、鸭掌之类，若问鸭中何段味最佳？嗜鸭者常推鸭颈，盖因鸭颈为最活络之部位，香而不腻，食而不厌，但苦于肉少骨多，不堪嘴嚼。南京饭店厨师便利用"更材法"选用烤鸭之皮，卷以松子、虾肉制成鸭颈，形象可以假乱真，外酥里嫩，兼有松子之香，堪称更材易质之佳品。

一盘美味的鸡翅，色泽金黄，个头特别粗壮，刚油炸好的热烫烫、香喷喷，吸引着诸位座上客。待食客们一咬，外酥脆、里糯香，内部的骨头全部变成了"八宝糯米馅"，使食客两三口全部吞没。此"八宝凤翅"的制作，正是利用"更材易质法"使其"偷骨换馅"，那莲子、香菇、干贝、鸭肫、瘦肉、鸡脯、枸杞、糯米食之香味扑鼻，自然胜过原有的鸡翅之味。

象形紫薯

赏析： 紫薯是21世纪以来我国多地农科院培育而成，在国内出现了济薯、广薯、宁紫、京薯多个品种。它除了普通红薯的营养成分外，还富含硒元素和花青素，包括18种氨基酸和10多种矿物质和多种维生素。紫薯的外形大小不一，聪明的点心师将紫薯泥与米粉掺和、包上馅心，制成形状一致的紫薯形点心。这种原物原味原型的品种，形似紫薯胜似紫薯。

象形紫薯
\
邵万宽－摄

在当今宴会上，常常见到"盐水彩肚""蛋黄猪肝"一类冷菜。这些菜肴使用了酿、嵌制法，使其材质更易，"盐水彩肚"在猪肚清洗之后，用咸鸭蛋黄置入猪肚中，用盐水煮制成熟；"蛋黄猪肝"即是在猪肝上用刀划几刀，然后嵌入蛋黄煮制成熟。在冷后的猪肚、猪肝中，用刀切下薄片，装入冷菜小碟，猪肚、猪肝镶嵌着黄色的蛋黄原料，色美、形美，质地变化，口感变异，口味独特而美妙。

运用更材易质之法制作成菜的事例，许多菜系都有先例。如安徽的葫芦鸡、山东的布袋鸡、湖南的油淋糯米鸡、江苏的八宝鸭等，都是将鸡鸭脱骨，填上其他物料，类似的菜肴还有冬瓜盅、西瓜盅、南瓜盅、瓤梨、瓤枇杷、瓤金枣等。这些从改变菜肴原材料入手或让原料内的质地发生变化，这种立意具有创造性的思考。有时，当人们从构思中找不到标新立异好办法时，若把思路转移到原材料的更易上，说不定还会事半功倍、出奇制胜呢！

"生穿鸡翼"，是广东菜肴。选鲜鸡翼，在关节处切成三段，取用上节和下节，将其竖立在砧板上，脱出骨成鸡翼筒，用蛋清和淀粉拌匀，然后在翼筒中穿入火腿、菜远各一条段，放入油水锅中氽至七成熟，再过油，最后烹料酒等调料炒至成熟。此菜剔去翼骨，换上火腿、菜远，确是善于从材质方面独辟蹊径。

要说更材易质较有特色的例子，有一款叫"笋穿排骨"，确有偷梁换柱之奇效。选用猪肋排骨，斩成两骨连一块的中型块件，冬笋切成与肋排骨大小厚薄的段。将排骨块下锅略煮，至排骨能抽出捞起晾凉，抽去肋排中骨头，将焯水的冬笋段分别插进肋排肉中。锅上火，将排骨整齐放入锅中，加绍酒、葱姜、香料和清水、调料烧至汁稠，装盘而成。此菜偷骨换笋，保持原形，荤素搭配，创意巧妙，具有独特的魅力。

更材易质，李代桃僵，只要我们动一动脑筋，菜肴创新的机会总是会有的。

十一、中外结合法

菜肴需要出新，这是事物发展的必然规律。随着原材料的不断引进以及中外交往的频繁，厨师们走出国门以及将外国厨师请进国内的机会越来越多。由于中外饮食文化交流的发展，其菜肴制作也呈现多样化的势头，如西方的咖喱、黄油的运用；东南亚沙嗲、串烧的引进；日本的刺身、鲜酢的借鉴等，这些已经进入到我们的菜肴制作之中并成为一种新的菜肴制作时尚。

1. 中外菜品结合之路

千里不同风，各国味不同。借他人之长，补自己之短，这是中国厨师一贯的制作方针。作为创新思考来说，经常借鉴别人之长处，就会时不时地制作出新的风味菜品来。

食无国界，择良光大，这是现代烹饪发展的前提所在。翻开中国烹饪史，随着对外通商和对外开放的政策，一方面中国传统烹饪冲出了国门，另一方面外国的一些烹饪菜式也涌进了我国的餐饮市场。如汉代"胡食"的引进，元代的"四方夷食"，明代引进的"番食"，"鸦片战争"以后"西洋"饮食东传，等等。千百年来，我国食物来源随着国际交往而不断扩大和增多，肴馔品种不断丰富。我国的烹饪技术在不断吸收外来经验丰富自己，同时也扩大了我国烹饪在外国的影响。中国烹饪在不断借鉴他山之石、"洋为中用"的同时，始终保持中国烹饪自己的民族特色，而屹立在世界东方。

改革开放后，随着西方菜肴风味进入国内，传统菜肴制作便不断地拓展，无论是原料、器具和设备方面，还是在技艺、装潢方面都渗透进了新的内容。菜肴的制作一方面发扬传统优势，另一方面善于借鉴西洋菜制作之长，为我所用。20世纪60年代以前引进西餐技艺出现在宾馆、饭店的"吐司"（toast）菜、"裹面包粉炸"之法以及兴起的"生日蛋糕"等，就是较早的例证，以后便传遍大江南北、城镇乡村，被广大人民所接受。

洋为中用，结合出新，目前主要有两个外来系列：一类是吸取"东洋菜"的特色，如日本、韩国、朝鲜、泰国、越南等；一类是吸取"西洋菜"的风格，如法国、意大利、德国、西班牙、美国、俄罗斯等。利用传统的中国烹饪技艺，巧妙地借鉴吸收外来的烹饪技法，我国广东菜系最先探索出一条道路，无论是菜品烹调还是面点制作，都借鉴了外来的工艺、方法。其他各大菜系也纷纷仿效，都市的大饭店充当着领头羊。从20世纪70年代起，中国传统的烹饪技艺就已显现出外来的影子。

2. 不断丰富的中外结合菜品

人们随便走一走现代的饭店、餐馆，就不难发现许多年轻的厨师很热衷于学习和制作一些利用外国原料、调料、技法而制作的菜肴，他们一经与传统菜品结合，立即得到许多顾客的喜爱，诸如黑椒牛柳、酥皮海鲜、锅贴龙虾、黄油鸡片、XO酱烤青龙等。

北极贝是源自北大西洋冰冷无污染深海的纯天然产品，具有色泽明亮（红、橘、白），味道鲜美，肉质爽脆等特点，且含有丰富的蛋白质和不饱和脂肪酸（DHA），是海鲜中的极品。北极贝是在捕捉45分钟后即在捕捞船上加工烫熟并急冻，因此只需经自然解冻即可食用，安全卫生方便。用北极贝可制作刺身、寿司、沙拉、火锅等多种菜式，炒、蒸、扒、焖、炖皆可。北极贝脂肪低，味道美，

培根明虾

赏析：这是一款中外风味结合的菜品。利用东南亚的丝网皮、西式培根和奇妙酱为原料，使菜品颇具异域风情。在造型上，以传统的"盏"为装载物，每人一份，里外都可以食用。在口味上有软有硬、有嫩有爽，这种变化的风格特别得到年轻人和儿童的喜爱。

培根明虾
\
南京 – 章戈 – 制作

营养价值高，富含铁质，是创制菜肴的极好原料。

烹调师利用这些引进原料，洋为中用，大显身手，不断开发和创作出许多适合中国人口味的新品佳肴。如蒜蓉焗澳龙、冰激北极贝、火龙翠珠虾、翡翠鸡汁象拔蚌、鳕鱼焗青龙、翡翠龙虾花、鹅肝极品菌、西芹炒百合等。

"翡翠鸡腿"，用西餐中惯用的沙司、土豆泥、黄油、牛奶、菠菜泥，加中菜中的鲜汤，制成沙司，浇在蒸烂的鸡腿上，既有中菜"五味鸡腿"的特色，又具浓郁的"西菜"风味，为中外宾客所喜爱。北京"又一顺饭庄"在几十年前首创的清真菜肴"奶油鸡卷"，用黄油和精白面包屑制作，具有浓郁的奶油香味，这正是运用中国传统技艺、借鉴西餐制作方法烹制而成的一道特色菜肴。

"沙律泡龙虾"是一款中西菜结合的品种。它是以沙律酱与澳洲龙虾片一起炒制而成。这些菜品中西结合，口味多变，食之饶有风味。"千岛石榴虾"，是将"千岛汁"（沙律酱与番茄沙司调制而成）拌虾仁成沙律，然后用威化纸包裹成石榴形，挂糊拍面包粉入油锅炸制成熟。

"泡芙鳕鱼"，是利用西式点心"泡芙"，做成鸭子外形，将鸭子的背部掏空，做成中空的盛器，另用鳕鱼切成小形鱼丁，与枸杞一起炒制后，放入"泡芙"鸭子的背部即可。"酥皮鳜鱼"，是将鳜鱼清理干净后，调好味，然后用油酥面皮把鱼整体包裹后，放入烤箱烤熟。这些中外结合的菜品，不仅具有浓郁的西式风味，而且显现出中餐独特的口感效果。

3. 中外结合菜品的
   制作思路

外来原料的利用。广泛使用引进和培植的西方烹饪原料，为中餐菜肴制作所用，这是开放以后餐饮业出现的新的现象。如蜗牛、澳洲龙虾、象拔蚌、皇帝蟹、鸵鸟肉、三文鱼、夏威夷果、荷兰豆、西蓝花、微型番茄等。中国厨师利用外来原料不断探索和开拓出许多菜品，如蒜香蜗牛、油泡龙虾、椒香鸵肉、黄油焗牛蛙、夏果虾仁、奶油西蓝花等。

面包屑是舶来原料，将其合理的结合，就可产生独特的菜品。几十年来，中餐厨师引进面包屑制作了一系列菜肴。它源于法国，但很快被西方国家普遍采用。中餐在20世纪50年代就开始利用。近几十年来，直接利用面包做菜也十分流行，将其切成薄片可做多种不同风格的菜肴，如鲜虾面包夹、土司龙虾、菠萝面包虾、龙眼面包卷，等等。

外国技艺的吸收。借用西餐烹饪技法，拿来为中餐服务，使其中西烹调法有机结合而产生新意。如运用"铁扒炉"制作铁扒菜，如铁扒鸡、铁扒牛柳、铁扒大虾等；采用法国"酥皮焗制"之法而烹制的酥皮焗海鲜、酥皮焗什锦、酥皮焗鲍脯等，改用中式原料与调味法，并且保持了原有的风貌；以及许多"客前烹制"利用餐车在餐厅面对面地为宾客服务之风格等。这些菜点及其方法的涌现，也为中国传统菜点的发展开创了新的局面。

在菜品的造型装潢上，西餐的菜点风格对中国菜的影响很大。中国传统的菜肴，向以味美为本，而对形历来不重视，新中国成立以后，中国菜开始从西餐菜品中吸收造型的长处。西式菜点，造型多呈几何图案，或多样统一，表现出造型的多种意趣。在菜点以外，又以各种可食原料加以点缀变化，以求得色彩、造型、营养功能更加完美。西式菜品色香味形与营养并重，这对中国饮食产生了一系列的影响。

外产调料的引用。在中菜制作中，广泛吸取西方常用调味料，来丰富中餐之味。如西餐的各式香料、各种调味酱、汁和普通的调味品等，近十多年来应用十分广泛。如咖喱、番茄酱、黄油、奶油、黑椒、沙拉酱、XO辣酱、水果酱等的运用，使菜品创新开辟了广阔的途径。代表菜有咖喱牛筋、复合奇妙虾、黄油焗蟹、黑椒牛柳、沙拉鱼卷、XO酱焗大虾等。

酥肉水果色拉

赏析： 这是一款中西结合的菜式，是粤式"咕咾肉"的变化之作。菜肴选用半肥瘦猪肉，用刀将肉的两面斜刀排松后切成粗丁形，腌渍后用蛋液、湿淀粉拌匀，再粘上干淀粉，炸成小球形，待沥油后与西瓜、哈密瓜、黄瓜粗丁一起拌匀，再用沙拉酱拌制而成，体现了咕咾肉凉食的又一特色。此品色泽金黄，口味甜酸，加之用拔丝的糖罩装饰，更显出富贵之气。

酥肉水果色拉
\
邵万宽 – 摄

4. 西风东进的广式点心

西式包饼。广式点心广采西点制作之长，大量运用西餐包饼制法之优势，来丰富广式点心的技艺和品种，这在烹饪领域是一个较有代表性的例子，如面包皮、擘酥皮、班戟皮、裱花蛋糕、批、挞、卜乎、曲奇、瑞士角等。西点广泛应用于各大饭店中，在全国各地影响颇大，并有漫延的势态，特别是西点饼屋已在全国各地扎根、开花。

裱挤技术。裱花蛋糕是西点中最常见的品种之一，目前中餐点心的应用也十分流行。裱挤技术是装饰西点的常用操作方法，也是欧、美等地擅长的饮食烹饪风格。西点中的不少蛋糕、花饼类，便是将奶油和糖调制后，装入裱花袋（或裱花纸）中，用手挤压，形成各种各样的图案和造型，既可裱挤出动植物原料，又可裱成一朵朵花卉和书写文字等，这早已被中餐点心师广泛应用。

清酥与擘酥。清酥面点，又称松饼，英文统称"puff pasty"。香港、广东人称其为"擘酥"，或叫千层酥、多层酥。广东人制作的擘酥是沿袭西点制作工艺方法而成的。其品松香、酥化，可配上各种馅心或其他半成品，如广式点心鲜虾擘酥夹、鹌鹑焗巴地、冰花蝴蝶酥、莲子蓉酥盒等，已在全国各地广泛流传。像"贵盏鸽脯"菜品，即是用西点擘酥之盒烤制后，盛装炒熟之鸽脯等菜料而成的佳作。

菜肴制作中外合璧，相得益彰，是当今菜肴创新的一个流行思路，其成品既有传统中餐菜肴之情趣，又有西餐菜点风格之别致；既增加了菜肴的口味特色，又丰富了菜肴的质感造型，给人以一种特别的新鲜感，并能达到一种良好的菜肴气氛，使菜肴的风格得到了优化。"它山之石，可以攻玉。"嫁接外国菜的长处，为我所用，无疑是一道无限广阔的菜肴创新之路。

十二、反向求索法

菜品制作经过了一个由简单到复杂的过程，从简陋、粗俗的原始菜品开始，继而不断向技艺精细方向发展。随着社会的发展，过于精雕细刻的菜点，由于长时间的手工处理或过于加热烹制，从经营和营养的角度来看，又不被人们看重和欢迎。因此，人们又采取"反向求索"的思路，拾回儿时的眷念，以温故而知新。通常说，战场上有以退为进战术，采矿业中有回采增效之举。菜品的发明创造，也可以根据社会需要和市场态势，反向求索，在"杀回马枪"中获得成功。

近年来，在我国的餐饮市场上，出现了不少用大灶柴火烧饭、烧菜的餐厅。一走进餐厅，几口大锅安放在餐厅门口，大锅烧鱼、大锅焖肉、大锅炖老鹅等依次排列。柴火的火焰，温度不过七八百摄氏度，而天然气燃烧的温度可以达到两千摄氏度。柴火燃烧时，热辐射的范围比燃气炉大得多，食物受热统一，入味也就更加均匀。当木柴燃烧起来时，距离灶台两三米外就能感到热气扑面而来。所以，木柴加铁锅所烧的饭菜更加鲜香。这就是许多饭店老板"反向求索"的思路使然。

进入21世纪以来，我国粮食消费结构正在发生着由"食不厌精"到"杂粮粗食"的变化，人们深知长期细粮精食对健康不利，还易患糖尿病、结肠癌及冠心病等症。这为"反向求索法"烹制菜点、创新品种提供了良好的途径。因而，曾一度被冷落多年的杂粮粗食，如今又重新引起人们的关注和青睐，尽管价格较高，远远超过大米、面粉的售价，但人们仍乐意解囊选购或品尝这些粗料精作的独特风味食品，对于粗粮土菜的处理加工，在"精""细"上大做文章，使粗粮不仅营养好，而且变化大、新意多、吃口也好。

　　许多菜品在销声匿迹几年甚至几十年后又重新登上历史舞台，这就是人们运用反向求索法而带来的现象。就如当今餐饮市场上畅销的"窝窝头""南瓜饼"来说，这可是几十年前"吃不饱、穿不暖"时代养家糊口的食品。当人们刚开始过上好日子时，这些食品一看就会反胃，以后，人们也曾当作"忆苦餐"食品，但只是"忆苦思甜"。可而今，在各大酒店、高级餐馆中，这已成了宴会中的常品，并且是人见人爱的点心。在食品超市里，工厂化生产的小包装的"窝窝头""南瓜饼"也十分畅销。

　　仔细分析一下这种消费现象，除了怀旧的消费心理外，运用反向求索法从事菜品创新，从产品的技术革新方面去"反戈一击"，开发一些原有的、并附上时代色彩的新菜品，投放市场后风味焕然一新，自然光彩夺人，适合市场之需。而今的"窝窝头"，已不是过去那种玉米粉加自来水调成的口味干呛、单调的品种，而是糯韧奶香、味甜中空的新品"窝窝头"；"南瓜饼"是小巧玲珑、皮薄馅大、香甜味美的新品"南瓜饼"。

　　人们都听说过清宫御膳房里的"窝窝头"，这是慈禧太后斋戒时爱吃的宫廷甜食品。玉米面窝窝头，过去老百姓就是用玉米面加水和成，做成圆圆的，像个蘑菇头，颜色金黄，慈禧太后在八国联军侵略逃跑时因饥肠辘辘不得已而品尝，真是饱食蜜不甜，饥吃糠也香，故大加赞赏。当它传入宫廷后，御厨们不敢原样奉上，故将其作了一些变化。于是，他们在玉米面中加入了适量的豆粉，再放白糖、桂花，制作得小巧玲珑，以讨慈禧欢喜。这种改良配制，不仅味美，而且营养价值也较高。因为玉米面中缺少的赖氨酸和色氨酸可以得到黄豆粉高含量的补充，而黄豆粉缺乏的蛋氨酸又可得到玉米面的弥补，从而提高了蛋白质的质量。

荞麦饼

赏析： 荞麦是我国北方地区的粮食作物。它是乡村大地上的一块紫云，紫红的荞麦秆随风飘逸，黑红的荞麦籽厚实而沉甸。如今，荞麦已成为热门的保健食品，在全国各地广受欢迎，因其特殊的营养价值，尤其对高血压、冠心病、糖尿病、癌症等有特殊的保健作用。在城市酒店，荞麦饼已换上了新装，用荞麦粉掺和部分面粉，加入适量的牛奶和面，再配上枣泥馅或三鲜馅，那是一种绝妙的口感，食之爽口舒坦，多吃不厌。此点用乡土式的小篾篮盛装，更体现那浓浓的乡味和农家的情结。

而今，"窝窝头"已在各大小饭店频频露面，就是较高级的宴会上也会常来常往。现在的"窝窝头"，又绝非慈禧宫廷的窝窝头，而是经厨师进一步改变成新的品种，即在玉米面中加入糯米粉，用蜂蜜、牛奶和面，其口感软糯甜香，多食不厌。

现时人们普遍追求生活高档化，在饮食方面美味佳肴层出不穷，食品商店纷纷提高档次专营名贵糕点。然而，也有不少企业一反潮流，运用"反向求索法"，求索那些被人遗忘的当年粗品，推出黑馒头、小米粥、玉米糊、野菜和地瓜条等，竟出乎意料地被顾客们赞不绝口。

"菜饭"是过去农家的常食之品，当时因大米紧张，只能以菜充之。如今，大饭店、大排档大量供应，因其饭香、菜香，主副相配，食者甚众。在宴会上，上一小碗菜饭，既吃饱又清口，深受消费者欢迎。如今开发出的"火腿菜饭""腊肉菜饭""双冬菜饭"等系列品种，已成为不少饭店宴会中的重要饭品。

"葱蒸臭豆腐"本是贫穷年代城乡居民的很平常的菜肴。现如今又被城乡饭店、餐馆改造重演。"清蒸臭豆腐""啤酒蒸臭豆腐"等也成了畅销菜。可现在有冬笋、火腿肠、虾皮拌以麻油、辣油、鸡精、葱花、啤酒、加饭酒相配调，口味自然不同凡响。市井、乡间的"泡饭"如今也被饭店回采应用，并成为许多饭店的代表作，如"青菜泡饭""什锦泡饭""虾仁泡饭""大龙虾（三吃）泡饭"等，都成为零点餐、宴会的叫卖品种。

求索过去的技术，实现以退为进的创造，并不是个别的特殊情况，这与消费市场的动态发展和技术进步的螺旋式前进规律有关。

消费市场的从众心理，常常使众多的消费者倾心于少数人倡导的消费方式，久而久之便成为理所当然的社会消费规

五谷杂粮粥

赏析：利用五种粮食一起调制成粥，其名为粥，实际也是药膳粥饮。设计者在普通的米粥中增加了许多杂粮，使一般的粥品变成了人人都喜爱的食品，此创意主要就是通过"组合"带来新的风格，混合而食，营养价值更高，此粥具有补中益气、利尿止血、开胃健脾、和五脏、助消化的功效，可降低胆固醇、分解脂肪、防止动脉硬化、治疗冠心病和神经衰弱等症，经常食用可以保健、长寿。

五谷杂粮粥
\
南京－田翔－制作

范。但是随着时间的推移，少数人对单一的事物又感到单调乏味，总想寻找新的消费寄托。新的流行菜品一方面来自科技成果的转化，另一方面也产生于对昔日菜品的怀旧回望。利用这种消费心理，有心者便可大作反向求索法的创新文章。

都市人是喜欢怀旧的，在满眼尽是灯红酒绿、车水马龙，满耳尽是人语喧闹的情况下，怎能不怀念天高云淡的蓝天碧野，怎会不向往风过林梢、泉水叮咚、小鸟鸣唱？于是，就想到了那遥远的游牧时代，那在篝火上的"烧烤"；想到了那荒野田间的"野菜藤萝"；想到了山区农家的"腌菜、泡饭"，自有一种还原自然、融于自然的浪漫气息。

山芋用刀削成橄榄形，可制成精致的"蜜汁红薯"，成为高级宴会上的甜品；南瓜蒸熟捣泥，与海鲜小料一起烹制，可制成细腻的"南瓜海味羹"；荔浦芋经过去皮、熟加工，可制成"荔浦芋角""椰丝芋枣""脆皮香芋夹"，等等。这些菜品在餐厅一经推出，常常会博得广大顾客的由衷喜爱，并带来良好的叫卖效果。

以退为进，也就是一种反向求索创新法。运用此法从事菜品创新，无论是回采消费心理还是回采"过时"技术，都不是简单地回到过去。时代在前进，人们不可能趟过同样一条河流。"以退"只是一种手段，"为进"才是目的。吃惯了山珍海味的人想吃粗食，但绝不能粗食粗做，而应粗食精做，以投其所好，否则谁会掏钱吃你的"忆苦餐"呢？只有采用先进的技术和观念实现回采中变化，后退中创新，为消费者提供实实在在的服务，才能有所发明，有所创新。否则，除了复制古董供人感叹以外，是不会有可喜的收获的。

粗食杂粮，反向求索，正符合现代人的饮食审美需求，从增加营养功能和让粗粮更加精致可口为出发点去思考改变和创制菜品，则呼唤广大烹调工作者展开双臂，去大胆地革新，开辟新的菜源。

十三、弄拙成巧法

　　弄巧成拙，是说的古代一个画蛇添足的人，本想要弄巧妙的手段，结果反而做了蠢事。许多事情反过来看也成立，"雪花呢"的印染，就是因为机器出了毛病，使整匹的呢布面上出现了一些白点，然后将错就错、化弊为利而成的。世界上有弄巧成拙的事情，也有弄拙成巧的事。一些事情，眼看谬误或失败已成定局，经过聪明人反求，化拙为巧，却又十分奇特地发生始料不及的演变，菜点创作的事例也十分普遍。

　　湖北云梦县盛产鲜鱼，当地的特色小吃"云梦鱼面"，味道十分鲜美，早在1911年，就在巴拿马万国博览会获得银质奖章。究其制作过程，纯属偶然而成。据《云梦县志》记载，清朝道光年间，云梦城里有个生意十分兴隆的许传发布行，由于来与布行做生意的外地客商很多，布行就开办了一家客栈，专门接待外地客商。客栈的厨师姓黄，有一天他在和面的时候，不小心碰翻了准备氽鱼丸子的鱼肉泥，黄厨师就顺手把肉泥和到面里，擀成面条。客商吃了，个个称赞，都夸此面味道鲜美，以后黄厨师就如法炮制，反倒成了客栈的知名特色面点。后来有一天，黄厨师做的面太多了，剩下了很多，就把它晒干，客商要吃时，就把干面煮熟献上，不想味道反而更加好吃，就这样，在不断地摸索之中，风味独特的"云梦鱼面"终于成为一方名点了。

　　这里给朋友们再介绍几例化拙为巧的菜肴，但愿有助于启迪思路。

　　一是叫化鸡。明崇祯年间，常熟有个叫化子，有一年冬天，他又冷又饿，便跑到一个大户人家屋后的草垛里去避雪过夜，当他扒开草垛时，意外地发现里面偎缩着一只母鸡。他顺手把鸡抓住，不由地闪出想吃鸡的念头。可他一无炊具，二无调料，便灵机一动，跑到虞山北麓脚下，弄了些枯枝和泥巴，将鸡宰杀后用泥巴糊上，糊得像个泥团团，然后放在火堆上煨烤。待泥巴烤得发黄，掼碎泥壳，鸡毛也随泥壳脱落，顿时，一股异香扑鼻而来，叫化子饥寒交迫，如狼似虎地啃着鸡，恰巧附近大户家的两个仆人发现叫化子偷吃鸡，便夺下一块尝了尝，果然鸡酥味香，鲜嫩无比。回家后两个仆人相告家厨并按叫化子说的方法，又配上各种上好的作料，做出的鸡味道非常鲜美。从此，"叫化鸡"便在常熟传播开来。

一是肉松。很久以前，有个厨师叫倪德，在太仓城里的陆状元家烧菜。有一天正逢陆状元生日，要大办喜宴，一清早，他就赶紧把做寿面浇头的肉块放进锅里，加足水，用木柴焖煮，自己坐到灶膛门前去看火候。谁知坐下来不久，就觉得灶前暖烘烘，浑身上下软绵绵，可能是昨晚的操劳，竟迷迷糊糊地睡着了，睡梦中恍恍惚惚觉得一股怪味刺鼻。他倏地醒来，果然闻到一股焦香味。顿时，他一步冲到灶前，掀开锅盖一看，"啊！糟了！"肉被烧焦了。他急得浑身冒汗，转念又想道："既然肉已烧干，何不将焦煳的剔除，再加上好作料做炒肉呢？"于是，他小心翼翼地将肉捞出，剔去肥肉，把锅洗干，仔仔细细地扯丝、炒制起来。当倪德战战兢兢地把焦肉丝端上桌来时，大家一尝，果然味道特别。陆状元高兴地说："这肉又香、又脆、又松，就叫肉松吧！"从此以后，太仓城里的肉松就广为流传开了，并于1915年在巴拿马万国博览会上获得大奖。

一是镇江肴蹄。300多年前，镇江有一小酒店的店主，一天买回四只猪蹄，准备过几天再食用，因天热怕变质，便用盐腌制，但他误把妻子为父亲做鞭炮所买的一包硝当作了盐，直到第二天妻子找硝时才发觉，连忙揭开腌缸一看，肉质虽未变，但肉缸内色泽太红。为了去除硝的味道，一连用清水浸泡了多次，再经开水锅焯水，清水过清，接着入锅加葱、姜、花椒、桂皮、茴香、水焖煮。店主夫妇本想用高温煮熟去其毒味，一小时后却出现了一股异常的香味，他俩正烦恼，街上许多人闻香前来，店主妻子一边捞出猪蹄，一边对大家说："这蹄髈放了硝，不能吃。"一老人出钱全部

金陵菊叶饼
\
南京 – 张云 – 制作

金陵菊叶饼

赏析： 菊叶，即菊花脑，是南京特色蔬菜，口感清香，一般炒食、烧汤为最佳。夏日亦有人将其摆放时长至烂，经一番加工清洗都已成碎段、碎末，清炒、烧汤都有损品质。聪明的面点师灵机一动，放入做米饼的粉料中一起和面，做成菊叶粉团，包上馅制成饼后，更增加了米饼的清香味，色呈碧绿，风味独具，更加诱人。蔬菜本是做馅，而此点用以做皮，给人以全新的感觉。此点成为夏秋时令佳品，且具有清热凉血、调中开胃、降血压、清凉解毒之功效。

买下蹄髈，并当场在店里吃，他越吃越香，待吃饱了才罢休。店主和在场的人把剩下的蹄髈一尝，都觉得滋味异常鲜美。从此以后，此法炮制的蹄髈，品尝的顾客越来越多，不久就闻名全市，盛名中外。

读罢三则故事，不仅让人一笑。如果从菜肴创意角度品味，岂不是一种别开生面的创新技巧。的确，拙弄巧成的创新之事还是相当普遍的。

化拙为巧，看似功自天意，纯属偶然，运用此法，通常是抓住错误或失误这类"拙"去将错就"错"，或巧用失误，化被动为主动，从新的角度去寻觅创意。

北京市昌平职业学校的李雪媛老师介绍，在2010年的师生技能展演上，学生在卷制蛋糕片时，发现蛋糕片的表面比以往制作的蛋糕表面多了很多的裂纹，而且缺少光润度并且很粗糙，松软度没变但口感上增加了一定的韧性。这种情况出乎意料，询问后才知道，原来学生错将糯米粉当作面粉使用了。从理论上讲，糯米粉是不能用来制作蛋糕的，但在实践上却是成功的。制成后的蛋糕卷，松软香甜，入口韧性强且有咬劲，类似于天使蛋糕的口感。这种无意中的错误用料，在指导老师的正确引导下，创制了一个新的品种"糯粉蛋糕卷"。这就是"误打误中的创新"，也就是"弄拙成巧"的创新之法。

苏州糕团中的"松子枣泥拉糕"的创作，也是失误所成。原先，点心师是为了制作"松糕"，在制作中，点心师傅粗心大意将水加多，将本应松散的糕粉和成了一堆烂面团，这样蒸糕不成，弃之浪费，点心师傅只得将烂糕粉倒入方盘蒸熟。待蒸熟后，用筷子挑而食之，甜香可口，别是一番风味。从此以后，"拉糕"品种就应运而生了，后经人们改良，便成为姑苏代表的糕品之一。

"弄拙成巧"的事不仅中国有，外国也经常发生。"麦

豆肝泥糕

赏析：鹅肝（亦称肥肝）是舶来品，发现鹅肝是美食的为罗马人，后成为法国大餐之尚品。不过，在西方反对"强制喂鹅"是另一主流。法国为了保护其"文化与美食"遗产，宣扬肥肝利口利腹无害健康。食用肥肝近些年在世界流传和推广，因其营养价值，中国人也多有使用。因鹅肝脂多且嫩，在加工烹制过程中，稍有不慎就会散碎、稀烂如泥，造成形状不完整，影响菜品造型。人们在多次的尝试中将错就错，将那散碎的鹅肝原料另类制作，加鸡汤与融化的鱼胶粉一起搅匀，倒入糕盆中，待定型后，再加入青豆蓉一层，冷却成豆、肝双色糕。此品双色双味，口感柔和细腻，拙作巧成为另一种鹅肝菜品风格。

片"的发明是美国的威尔·凯洛格在一家疗养院里做一些辅助工作时偶然拾得的。有一天晚上，他帮老板试制一种新的易消化的食品。当别人都下班离去后，威尔还一个人在厨师里工作，他尝试着把面团放在热水里烫得半熟，然后放进锅里去煮，煮的时间长短不一，想试试各种方法的效果。他好不容易才忙完了这些活，疲惫不堪地离开了厨房，临走时，却忘记了反扣在一只大盆底下的面团。第二天一早，威尔发现了自己的失误，赶忙用擀面杖去擀。不料，这些面团成了许多碎片。原来，由于面团过了夜，每个小面团都均匀地受了潮气，所以一擀便碎了。

威尔害怕老板责怪，便怀着侥幸心理悄悄地把这些碎片煮好后，送给病人食用。病人吃后反映味道可口，易于消化，纷纷打听这种"麦片汤"是怎样制作出来的。威尔这时突然明白，易消化的食品里就应当有所谓"麦片"，从此，他专心研究麦片的制作方法，生意越做越大。

烹饪行业中有句俗语叫"师傅手艺高，鱼圆改鱼糕"，说的也就是化拙为巧的事例。即是万一做鱼圆时水放多了，或鱼肉搅不上劲，下锅发散，怎么办？这就得把鱼肉加鸡蛋清搅好，倒入笼内纱布上包好，或在瓷盆内抹上油，倒入鱼蓉蒸熟，制成鱼糕，其原料一点也不会浪费，反而增加了菜肴品种。

菜点制作，缺点、失误时而出现，它既让人遗憾，也给人机会，关键是如何正确处理、把握和运用这些问题。菜点的成新，许多是在拙误之间，若善于分析，把握处理得当，拙制成巧、化弊为利的现象也是可以做到的。

十四、顺势而为法

　　饭店餐厅立足市场，就应该顺应市场而为，这样才能立得住，站得稳，活得长。这里所说的"顺势而为法"，就是顺着市场这条路而为之。即是指顺藤摸瓜、因势利导地抓住某个线索探究事情。作为菜品创新的思考方法，则是指顺事物相关关系之"势"，去探究新创意之"果"。

　　比如，报刊上刚刚披露，芦笋是一种营养健身、抗癌、味美的蔬菜原料，特别是能够增强癌症患者的抵抗力等作用，已引起世界人民的广泛注意。于是，饭店精明的厨师便在芦笋原料上动脑筋，开发芦笋菜品，并有饭店率先在地方报纸上宣传新创芦笋菜品的特色与功效，以此来吸引顾客，宣传企业的形象，同时也能取得良好的效益。

　　每年一度的高考令许多学生和家长心理紧张，许多学生家长为了使小孩复习顺利，在高考前一两个月，就忙着准备安排小孩的饭菜食谱。南京一酒店曾抓住这有利时机，顺势筹备了"高考健脑菜美食节"，他们精心设计，取用许多补脑食品原料，用各种新鲜蔬菜与之相配，创制了一大批的健脑新菜品，使得许多高考的学生、家长有了一个新去处。对于家庭来说，他们一方面了解到健脑菜品的特色、口味，可以回家学习模仿；另一方面也使得复习紧张的学生既用餐又补脑，并使紧张的气氛稍微松弛一下。正因为补脑、轻松、学菜三得利，所以吸引了许多的家庭前往。

　　顺势而为法运用了引申需求的原理。所谓引申需求，是指由一种需求带动而产生的另一种需求，比如，随着工业社会的发展，也越来越带来了人类生存环境的危机，食物资源遭到了一定的破坏，整个环境污染致使食物的质量普遍下降。因此，在人们日常生活中开始追求"纯天然食品"。有鉴于此，许多酒店、餐馆纷纷推出"绿色食品周"，开发创制海洋蔬菜、森林蔬菜等，把云贵高原的天然菌类、大小兴安岭的野生植物、深海无污染之鲜活海鲜、农科基地无公害大米、瓜果等绿色食品奉献给各位顾客，向人们展示了纯净、自然、健康的绿色食品世界。这种引申的需求形成一种看不见的"引申需求链"，便是菜品创新用以因势利导、顺藤去摸"瓜"的方法。

运用此法，关键是学会利用事物之间的关系和连锁反应进行创造性思考。在具体运作时，不妨参考以下"顺势"方式。

顺节日特色之势。中国饮食自古以来与节日有十分密切的关系。不同的节日人们都要食用不同的食品。这就是我们所说的年节食俗。针对年节食俗的情况，从古代开始就有饭店、餐厅依照节日的特点，推出节日的食品。现代饭店企业更是利用这一特点，大凡在节日来临之前都会策划设计和开发一些节日食品。如端午节，在节日之前，商家都有意识地策划推出不同形状、不同馅心、不同大小、不同风味的各式粽子。按形状分，有三角、四角、锥形、菱形、小脚粽、枕头粽、宝塔粽、筒粽、笔粽等，配上不同风味的馅心，以满足不同顾客的饮食需求。其他如元宵节、儿童节、教师节、中秋节、重阳节、春节等，按照节日之需开发特色节日菜品。一年四季中外节日，也是创新菜促销的大好时机，不同的节日可研制推销不同的菜品，以满足广大顾客的消费需求。

顺季节变化之势。餐饮业有个很明显的特点，即是季节性问题。各饭店、餐馆都有季节性菜单。我们在菜品创制中，跟随季节的变化而推出新品，一定是会受中外顾客

荷香牛肋骨

赏析： 运用荷叶做菜是江苏人擅长的风格。江苏地处江淮，荷塘密布，自古盛
产莲藕。盛夏来临，新鲜荷叶上市，一股浓浓的清香扑面而来，饭店的厨师并
顺势追赶着新上市的荷叶，纷纷制作荷叶焗鸡、荷叶粉蒸肉、叫花鸡等。用荷
叶包裹牛肋骨，用牛肉汁、老鸡、火腿、瑶柱等料辅助炖制，将是一款不俗的
菜品。此菜味道与营养兼具，细细地品味，不仅能饱口福，而且能保健养生。

的欢迎的。冬去春来，我们可设计利用各种新上市的动植物原料创制新菜点、新风味，走行业超前之路。既讲时令，又有创新，肯定是能博得顾客的欢心的，如"刀鱼宴""野蔬餐"等。如夏令的"时果宴""海鲜宴"；秋天的"金秋宴""果实宴"；冬天的"冰花宴""滋补宴"；等等。每年的冬季，无论是大西北、大中原，还是西南、华南，没到寒冬，各地的羊肉菜品就先后热闹起来，各家羊肉菜肴的比拼热火朝天，羊肉汤漂着青蒜和红油，配着烧饼，泡个馍，煮个面，与各式面食的不同配搭，以及不同羊肉菜肴的亮相，使得寒冷的冬天变得无比的热闹。

顺重大事件之势。餐饮经营是伴随着社会的发展而发展的。在经营中往往跟随着重大影响事件一起而开发产品。如2008年奥运会在北京的举办，北京以及全国的餐饮市场围绕"奥运"主题开发奥运食品，制作奥运特色的冷菜、热菜等。南京2014年青奥会，南京市的饭店、餐厅纷纷推出"青奥"主题的餐饮活动，制作适合年轻人的菜肴点心，来迎合广大消费者。2016年11月30日，我国"二十四节气"被正式列入联合国教科文组织人类非物质文化遗产代表作名录。在国际气象界，二十四节气被誉为"中国的第五大发明"。在北京不少餐饮企业推出"中华节气菜"，根据不同的季节设计不同的美食。《餐饮世界》杂志社还专门设立了一个"中华饮食文化24节气专栏"，每期有大厨设计制作的节气菜品。

顺畅销菜品之势。某个时期都会有热门火爆的畅销菜品纵横餐饮市场，创造者以此为势顺藤去摸新菜品的创意，可有意外之喜。比如，"酸菜鱼"是20世纪90年代中期开始流行的一款菜品，从"酸菜鱼"中的主料调料来看，主料为鱼和酸菜，辅料或以鲜笋、银丝粉等食材为之，调料离不了野山椒等。野山椒用于调味，这也是川菜创新的

养生苦荞辽参

赏析： 苦荞，是当今著名的健康食品。一般生长在无污染高寒山区，富含蛋白质、矿物质、维生素等营养物质，尤其含有其他粮谷不含有的维生素P（芦丁），是21世纪健康食品的重要资源之一。因其芳香诱人、软化血管，清热解毒、活血化瘀、拔毒生肌，有降血糖、尿糖、血脂，益气提神、加强胰岛素外周作用。设计者顺畅销菜品之势，将发制的辽参浸在苦荞鸡汁中，不仅营养价值高，而且在口感、风味上也是独树一帜的。苦荞与海参相配，是糖尿病人和"三高"人员的首选菜品。

养生苦荞辽参
\
南京－孙谨林－制作

范例。一时间，全国各地城镇都叫卖酸菜鱼，每家店都较火爆，吃酸菜鱼的人纷至沓来，使大小餐厅呈现一派火热的生机。一些相关菜品也被扩展推广开来，如酸菜鸡、酸菜排骨、酸菜肥肠等。前些年"火锅"畅销，于是有人便炮制出"大龙虾火锅""酸菜鱼火锅""肥牛火锅""石头火锅"以及"各客火锅"等，它们均在餐饮市场上获得了成功。此外，食品业也顺这根藤、这个势，引申出"速冻食品"的新概念，于是，速冻水饺、速冻馄饨、速冻包子、速冻八宝饭等快餐食品进入千家万户，为快节奏的社会生活提供了良好的消费服务。

顺菜品系列化要求之势。对菜品品种多样化需求，常常激发人们进行系列化思考。尤其当一种新菜品在市场上叫卖以后，更要因势抓住时机去"摸"系列化产品之"瓜"。在广州，近几年的"嘟嘟砂锅"菜品十分畅销，各家餐厅顾客盈门，排队等候用餐。餐厅内各式系列品种丰富，如沙姜双葱嘟嘟三黄鸡、蒜香黄椒酱嘟嘟竹虾、牛腩汁嘟嘟猪肠粉、虾酱嘟嘟生菜胆、蒜子嘟嘟凤爪等。又如药膳餐厅开发的"药膳菜品"，他们抓住药膳保健菜品这根藤，开始系列化引申裂变，研制出"太极阴阳席""松鹤延年席""美容健身席"系列菜品，以满足不同顾客的饮食需要。每年小龙虾一上市，南京的餐饮市场上它就占了主角，各家餐厅纷纷推出各式龙虾菜，不少餐厅还推出"龙虾菜美食节"，供应着不同口味的龙虾菜10多种。在品种上有十三香龙虾、红烧龙虾、干菜龙虾、麦香龙虾、咖喱龙虾、蒜香龙虾、冰镇龙虾、清水龙虾、香辣龙虾、卤水龙虾、五味龙虾等。

在顺势创新中，除上述以外，我们还可以拓展思路，紧紧抓住顾客的消费心理，然后采用引申需求方式去研制开发菜品，这是值得烹调师们尝试和推广的。

十五、主动诱导法

当今的餐饮经营不能等待观望，守株待兔，而要主动出击，吆喝叫卖。即使再好的企业也是如此。好的企业往往是超前思考，做别人没有做的而市场上又很需要的。只有超前思考，才能赢得市场。

有位很有才华的演员在谈到自己的演技诀窍时说："我不按观众兴趣去演，而是通过创造新的兴趣去赢得观众。"影视演员的经验之谈，对菜品的创造有何启迪呢？

先了解顾客的进食需求去创造菜品，这是创新菜品常常谈起的成功之道。除了这种被动地适应顾客需求外，能否主动地创造新的菜品风格和提供前所未有的服务，从而开发出一些发明思路呢？事实表明，这是走向成功的一条光明大道。

鲁迅先生曾经说过，第一个吃螃蟹的人是了不起的。我认为，第一个制作螃蟹菜肴的人更是了不起的。这"第一"，它主动起了一个"诱导"的作用。

在走向市场经济的大潮中，我国菜品的创新也应从"摸着石头过河"的思维方式中解脱出来，大胆启用主动诱导法，以崭新的发明创造成果品尝创造消费兴趣的滋味。例如，中国是茶的故乡，但长期以来我们固守传统的热饮方式。后来，有人研制出冷饮茶，使茶叶饮料化，便是力图改变中国人传统消费习惯的一种创举。如今，凉茶在市场上十分热火，销售量节节攀升。20多年前，有人开发出系列"茶肴"，突破传统茶叶只炒虾仁的框框，也是在主动诱导消费方面迈出了新路子。

上海餐饮界在开发"茶肴"方面做出了许多贡献。一些高厨名师到各地采集走访，将收集到的资料、档案、茶

金瓜蟹珍珠
\
南京－孙学武－制作

谱等综合潜心研究，反复实践，如今茶肴在上海遍地开花，约有80多家食府先后推出100多个茶菜和各式茶宴。如太极碧螺春（茶）羹、紫霞映石榴、茶香鸽松、乌龙（茶）烩春白、红茶焖河鳗、观音（茶）豆腐、茶汁鹌鹑蛋、贝酥茶松、双色茶糕、旗枪（茶）琼脂、乌龙（茶）顺风，等等。为茶、食文化的交融汇合开辟了道路。

　　主动诱导法，也就是创造菜品的新型消费法。这是一种"进攻性"的发明创造技法，它不拘泥于消费者现在是否有此需要，而是主动地创造某种菜品或服务，主动诱导消费。这种创新技

金瓜蟹珍珠

赏析： 十多年来，南瓜、金瓜的身价在不断地提升，被许多餐饮人奉为上品，煮着吃，烧着吃，炖着吃皆可，都受到广大食客的青睐。这主要源于人们对健康食风的崇尚。人们把南瓜作为"补中益气"之药，以此滋补身体。在小南瓜中做文章，蒸鸡蛋、炒虾蟹，既作器又可食，诱导人们的食欲，观之外形美观，食之嫩香甜糯。此菜原料搭配合理，营养均衡，具有广阔的市场前景。

法的基本原理在于：消费固然能引导生产，生产也能创造消费。顾客也常常教我们厨师去做他们喜欢的菜，而更重要的是我们创出新品向广大顾客去推销。

我国传统的月饼是中秋节的节令食品，自宋代以来，被人们一直传扬。我国月饼还有不同的流派，通常有广式和苏式之分。但有人就偏偏不按传统的方法制作，另辟蹊径，创制了新的"冰皮月饼"。此乃港式点心家族的新兴成员，由香港大班面包西饼于1989年全球首创，凭借其独特的制作工艺与风味，迅速风靡世界。早期采用的原料只是单一的糯米粉（又叫糕粉），随着不断地试验和技术的改进，皮坯的制作采用了不同类型的淀粉制成，如粘米粉、澄粉，也有现成的冰皮粉。改进后的皮坯可以长时间保持外形完整、不开裂、不老化，味道也没有生粉味道。馅心也不断创新，可以添加各种味道和不同形式的馅心。同旧式月饼的高糖、多油相比，冰皮月饼的原料都是采用绿色环保的食物原料，制作工艺简单，不油不腻。正是由于他们敢于超前思考，敢于突破传统，才有今天这个广大的消费市场。

无独有偶，多年前在我们的月饼市场上，上海元祖食品有限公司率先超前思考，研制出"元祖雪月饼"，即冰淇淋月饼。他们在广式月饼的基础上一反常态，用冰淇淋作为月饼的馅心，月饼存放在冷藏柜中，食之月饼凉爽冰冻，外皮香甜酥软，十分可口魅人。在产品开发中，他们又相继设计创新出"芒果冰淇淋麻糬""草莓冰淇淋麻糬"等系列品种。

菜品制作中的主动诱导法，看起来有点"闭门造车"的味道，但作为创新之法，其思维方式并非追求空穴来风。实施此法的要求是立足运用潜在的需求去超前思考，并创造条件促使潜在需求向现实需求的转化（即开展美食促销活动）。

几年前，南京市政府为了打造南京餐饮品牌，提出"一大一小"战略理念。大，为"民国大菜"，小，为夫子庙小吃。市政府及商务局主动诱导餐饮企业，并推选出12家品牌餐饮

荠菜鸡蓉球

赏析： 夏日是水果菜品盛行的时节，变换菜肴花样诱导市场是一个不错的良方。利用水果作盛装器皿，既好看又好吃。这里有芒果的清香，菜叶的鲜亮，鸡蓉球的润滑，鸡汤的肥美；红、绿、白诸色彩的巧妙搭配，色、香、味的有机组合；其果香、菜香相互融合，营养丰富，这正是"方寸之间多变化，一勺一筷皆美味"。

荠菜鸡蓉球
\
无锡－周国良－制作

企业。一时间，南京民国菜的研发使得南京菜品不断出现新的气象，创制了多款南京民国菜。如祖庵炖豆腐、辣子煨鱿鱼、鲃鱼鸡蛋、石板鱼炖鸡蛋、苦瓜酿虾仁、白云猪手、鲫鱼烧苋菜、牛掌定乾坤、宰相气肚汤、孔氏冬虫汤、莲藕煲牛尾汤等。

2011年，安徽滁州市旅游局从本地文化出发，在全市推广"太守宴"大赛，调动全市饭店与餐饮企业大力进行地方菜品的研发，根据当地旅游景点醉翁亭及其宋代欧阳修（曾在滁州任太守）的名作《醉翁亭记》来开发的："太守与客来饮于此，饮少辄醉，而年又最高，故自号曰醉翁也。醉翁之意不在酒，在乎山水之间也。山水之乐，得之心而寓之酒也。"全市各大酒店踊跃参赛，厨师们短时间内不断研究新菜，最后评选出优胜奖，一些开发的创新菜陆续在各大酒店叫卖，政府的主动诱导，加快了地方菜的发展，也产生出一批有价值的创新菜，对地方餐饮文化的弘扬起到了积极的作用。

因为，对创新菜品来说，不应当老是跟在人们脚步后面爬行，都去做人们已做的菜品，而应该在鉴往知来的观察与思考中超前升级。比如，当人们解决了温饱开始过上富裕的日子的时候，肥胖已成为人们健康的一大隐患，特别是妇女和儿童，如果我们开发系列的"减肥食谱""儿童健康食谱"的话，并进行一些促销宣传，减肥菜品一定能打开消费市场。当人们生活水平提高后，一些坐月子的年轻女士碍于缺少人照顾，做饭做菜也带来困难，需要有好的坐月子条件，于是"月子房""月子餐"就会有需求。这时，餐厅就需要提供月子餐，厨房就需要研发月子菜。假如饭店企业主动宣传坐月子营养餐，只要做出名气，就自然会有消费者到饭店"住月子"。只要人们对需求变化和潜在需求能做到心中有数，对新菜品策划有方，诱导消费是能够站稳市场的。

十六、锐意探究法

中国菜点的许多创造是历代广大厨师智慧的结晶。利用现有的菜点，再进行比照探究，可给我们少走许多弯路。烹饪学是变化之学，烹饪的创造要敢于突破传统，要有锐意探究并希望超越过去的新道道，寻找新的课题去大胆"触电"却是标新立异的一条理想之路。

菜点要有新道道，这当然是相当困难的事情，但最起码在探究制作中有善动脑筋的意愿和认真制作的态度。许多新菜点的出现，确实是人们认真动脑筋研究出来的。

中国烹饪协会首届副会长、南京著名烹饪大师胡长龄老先生，几十年来，他对南京菜做出了不朽的贡献，他善于钻研探究的劲头给我们树立了很好的榜样。从20世纪50年代起，胡长龄师傅精心研究并制作出"香炸云雾""彩色鱼夹""松子熏肉""荷花白嫩鸡""扁大枯酥"等一系列的江苏名菜。他钻研创新的菜肴很多，把自己一生都献给了烹饪事业。就"香炸云雾"一菜，以蛋清、虾仁为主料，调入钟山云雾茶，入锅油炸。这菜虽然好吃，但入盘后总显得有点瘪，原因何在？20世纪70年代，他终于探究发现问题在于油温过高，于是他改用两成油温，待蛋清凝结，再加到四成，出锅以后，果然始终能保持饱满形状。

而今风靡全国餐饮业的"柱侯酱"，是一种用面豉、猪油、白糖等研磨精制成的一种调味酱料，它以其色鲜味美而博得广大厨师的喜爱。实际上柱侯酱已驰誉170多年，它是170多年前佛山三品楼一位名叫梁柱侯的厨师创制的。柱侯酱、柱侯食品，都是以人名而命名的，这是梁柱侯师傅精心研究、创制的结果。我们应该为这一命名而称道。

广州粤菜大师黎和，他的长处是师承传统，却不囿于传统。几十年来，他潜心研究创制和改革粤菜，用他的话说，就是"菜谱要不断标新立异，才能顾客盈门"。他先后创制了满坛香、瑶玉鸡、琼山豆腐、油泡奶油、鹊燕大群翅、瓦罉花雕鸡、海棠三色鲈、荷香子母鸡，以及鹌鹑宴等各种菜式。据人们统计，黎和大师制作的新菜式不下300款，这都是他锐意探究的结果。他为年轻厨师的探究起到了一个模范的作用。

素有"点心状元"之称的葛贤萼，创制了闻名全国的"葛派点心"。其实，这个荣誉也是来之不易的，是她几十年来钻研学习、刻苦探究的结果。早年她求教过上海、江苏、广州等诸多名师。在制作中，吸取中华各派面点制作之精华，并趋时应时、精益求精，不断研制新的品种。尤其是对酥点和船点的制作与研究，她烤制的"XO千层酥"，口味咸鲜带辣，香味浓，皮质酥脆，层次清晰；"核桃酥"，形状恰如刚摘的核桃，皮酥馅韧；"菜篮子"船点，色彩逼真，形态像生，质感丰富。这些与她平时对技艺的执着追求是分不开的。

江苏省烹饪协会原常务理事、南京金陵饭店首任总厨师长薛文龙，是一位对烹饪技术孜孜以求的大师。20世纪70年代开始，他克服文化上的不足，一心钻研清代袁枚的《随园食单》，跑图书馆搜集资料，进大学寻师访友，向教授、名流以及美食家讨教。他运用袁枚的烹饪理论，精选出100多个菜肴加以挖掘整理，演绎创新，从而使随园菜从乾隆时期的官府家走向现代化宾馆的餐桌，如八宝豆腐、雪梨鸡片、酱炒甲鱼、八宝黄焖鸭、蜜酒蒸白鱼、叉烧鸭等，在香港、北京多次向中外宾客展示随园系列菜肴，艺惊四座。1991年出版的《随园食单演绎》一书正是凝聚着他钻研古典名著的研究成果，它对后世产生了深远的影响。

海皇芝麻豆腐
\
南京－洪顺安－制作

海皇芝麻豆腐

赏析： 烹饪设计者精心研究的黑豆腐，即芝麻豆腐，是选用黑
芝麻、大豆等一起制作而成的。近年来，黑色食品之所以广泛
流行，尤其是在国外风行不止，一则是因为它的营养价值得到
人们的普遍认可：富含钙、磷、锌，蛋白质含量也较高；二则
是因为黑色更具有醒目的视觉效果，若是点缀于其他食品的
黄、红、白、绿诸多色彩中，颜色层次分明，自然独具特色。

闻名全国的调味专家张云甫先生，几十年来如一日，在一直孜孜地研究，20世纪80年代初期，他就对调味品感兴趣，1986年时，他开始自费到全国各地学习，到中餐馆打工、学习，也到西餐馆学习、打工，从北方到南方，把自学来的菜品和调味方式充分的利用，创出了一系列的菜品，特别是1993年，又创出了"新潮清真菜。"十几年过去了，张云甫的笔记有30多本，书稿堆得与大橱一样高，用他自己的话说："前八年摸索调料，后十年坐下来验证调料，再有十年方知如何运用调料。"而今，他有了自己的实验室，可以在实验室里调味配方。张师傅对粉质香料的研究颇有成果。从台湾的"康师傅"料包，到美国的"肯德基""麦当劳"的腌料，以及"金锣火腿""德利斯""德式香肠""美式罐头"等，他都有经研究得出的记述。他著述的《中外调味大全》正是他的研究结晶。

北京董振祥先生，大董烤鸭店董事长，大董意境菜创始人，中国烹饪大师，他是一位善于学习、勤于思考、钻研探究的人，他通过正规的教育环节，系统地学习书本上的理论知识，接触到很多新的理念；不断向周围的师傅们学习，深入地学习和研究鲁菜、川菜、粤菜、淮扬菜，将南北菜系进行有机的结合。他常常置身于西方、东南亚地区的餐饮第一线走访学习，敢于把西方的烹调理念与传统中国烹调理念的有机结合，大胆地吸收西餐的主料和配料等更张扬个性的西方元素。如"董氏烧海参"整个菜品的呈现颇具中国传统绘画的美感，苍劲而秀美，意蕴深远；"江雪糖醋小排"，其意境构思来自柳宗元的《江雪》，夸张地将其意境浓缩于咫尺盘盏之内充分体现出来。董大师认为一切艺术造型皆是为了提高菜品的品位，但不能为了追求艺术造型而过分强调"造型"，并且所有艺术造型都应在几秒钟之内完成。

鸡尾虾皇蛋

赏析： 菜品的设计追求是无止境的，各种元素都可以拿来为我所用。此菜的设计打破了传统中餐的装盘方法，运用红酒杯盛装，是借用西餐咯荖装盘的思路，将鸡蛋清、鸡蛋黄分别加入青菜汁、蟹肉、蟹黄再分别蒸制，然后加入虾油、鸭蛋黄、虾花，制作方法类似于糕点中"九层糕"的熟制法，层层分明，视觉效果极佳，就如同兑制的鸡尾酒一般。

鸡尾虾皇蛋
\
连云港－陈权－制作

中国的厨师常常研究外国菜，外国的厨师在中国司厨也必须研究中国人。北京燕莎中心凯宾斯基威尼斯餐厅原意大利主厨哥伦比说："我们意大利人虽然传统，但在烹调时却喜爱创新，这丰富多彩的意大利面食就是绝好的体现。"意大利面可以制成蜗牛状、笔杆状、贝壳状、车轮状、螺丝状、五星状、手镯状、米粒状、管道状、蝴蝶状等，造型千奇百怪，直让人看得眼花缭乱。还有不同颜色的意大利面，绿色、红色、紫色等。哥伦比评价自己的创新是介于传统与现代之间的创新。他在探究菜品时，不会一味为适合中国人的口味而改变意大利传统面食的风格，但有些面食也会只为中国人的口味而创造。比如"紫菜面"，把紫菜加入沙司中与面拌和，这在意大利从来没有做过，却受到了中国人的欢迎。哥伦比把墨鱼汁拌在面粉里制成黑色的墨鱼面，与其他原料一起烹制；还注意到利用中国本地的原料，"红菜牛肉意饺"就是采用中国的红菜头，挤汁后和面再做成皮，包上牛肉馅，红色的面皮让人马上联想到牛肉，增加了食欲。

总之，运用"锐意探究法"钻心研究，能使人们透过司空见惯的现象，观察到新的内容，帮助自己越过现有限制条件的屏障造成的习惯意识，通过思维的自由驰骋，取得解决问题的新的设想、新的方法、新的答案。

只要锐意探究，烹饪中还有许多"荒野"值得我们去开垦，新的原料、新的味型、新的技法以及各种不同的菜点风格还等待我们去研究。只要我们立足传统、遵循规律、大胆革新，并为此作些有益的探索，新的菜点是不愁产生不了的。

十七、集思广益法

中国有句俗话："三个臭皮匠胜过一个诸葛亮"。它的意思是说，将三个人的智慧集中起来，就能超过被世人称为智慧的象征人物诸葛亮。

利用众人的智慧探求新菜点，早在20世纪90年代，全国许多饭店都相继成立了"菜点研究小组"，江苏金陵饭店、南京饭店、四川成都锦江宾馆等都先后成立过专职研究创新组，定期推出新款菜品。全国许多大中型饭店每年都开展创新菜评比活动，向既受宾客欢迎又有推广价值的创新菜颁发创新奖，打破了过去师傅不做、徒弟不敢做的局面。

当时成都锦江宾馆成立的"专职创新组"，由经验丰富的厨师组成，饭店给他们的指标是每人每周推出两个菜点，厨房任务多时去厨房帮忙，平时在办公室翻阅资料，每天下午2～4点厨师休息时，而研究小组人员进入厨房，将探讨出的菜肴试制、品尝，有时一个菜要反复多次，当一个菜点较为满意时，下午教给厨房的厨师们，并推销出来。他们经常推出一些新菜，并开始研究川味海鲜菜，打破人们一贯认为的"四川无海鲜"的说法。

金陵饭店从20世纪80年代就成立"菜品创新小组"，从事菜品的研发与创新工作，每个分点的厨师长每月都有一定的考查基金，用于考查和品尝菜品，每月研发2～3款菜肴或点心。团队成员在酒店各方的关怀下，成功出版了《金陵饭店菜肴88》《金陵饭店点心100》等书，这是团队人员研究成果的体现。金陵饭店酒店管理公司成立以来，由全国劳模花惠生大师负责的"菜品研发中心"，一直运作菜品创新之事，并取得了较丰硕的成果。

对于广大的烹调师来说，不管你是天资聪慧还是平凡，如果大家做到互相合作，善于进行"思维碰撞"，是定能获得智力增值的效果的。

20世纪90年代，南京的餐饮界出现过辉煌的时期。南京丁山天厨美食中心，是一个只有150多张餐椅的餐馆，而他们1996年、1997年的一张餐椅的总收入是12万多元人民币，在南京可谓是声誉卓著。他们的经营方式就是经常"求新"。他们每周一次菜点研讨会，由总经理、总厨师长挂帅，和几位骨干厨师一道探讨新菜。据总厨讲，菜点创新是要花精力、花时间的，有时一个菜肴要琢磨很多天，反复好多次，有时想得很好，但做成以后并不觉得满意，常常一个味型、一个配料、一个造型要试验许多回，才能成功。

在河北保定地区有一家玉兰香保定会馆有限公司，自20世纪80年代开始，团队人员在董事长梁连起的带领下，对直隶官府菜进行挖掘、研发。他率领厨师长及厨房技术骨干人员成立了直隶官府菜研发组，探访名师、教授，走访当年直隶大部分疆域，从水乡白洋淀到内蒙古草原，从太行山脉到山西群岭，最后终于形成了十万余字的资料，大量的图片、诗句、文献、典故逐渐清晰地呈现出上百道直隶官府菜资料。根据详尽的史料不断对直隶官府菜进行开发和试制，严格论证每一道菜品，详细记录了试菜的每一个细节，从菜品口味、色泽、造型等方面不断改进，成功推出了李鸿章烩菜、相先生豆腐、国藩代蟹、阳春白雪、鸡里蹦、直隶海参等20余道直隶官府名菜。

看来，事物本身发展的趋势就是这样，学科门类的骤增，各领域知识的深化以及科学技术的复杂化，一些从事某专业的人们，按照一定的兴趣、爱好而聚集在一起，形

蚕豆鱼圆

赏析： 鱼圆是江苏烹饪技艺的代表之作。从普通鱼圆到灌汤鱼圆，从橄榄鱼圆到橘瓣鱼圆，烹调师勇于构想、精心制作，不断超越。许多作品是在集思广益的基础上而完成并出彩的。蚕豆鱼圆又增加了制作难度，一是掺和菠菜汁；二是要求蚕豆蓉能成形不软塌；三是增加了蚕豆中间的黑线。制成后的蚕豆鱼圆，色泽碧绿，荤素搭配，营养丰富，新颖别致。

成了技术的交流和合作的小团体，并作出了不同凡响的建树。事实引起人们反思，于是大家开始对这种新的技术研究形式产生了兴趣，因为它有利于技术成果的产生，又可以潜在地培养一些专门家的研究能力。

事实上，被人们欢迎的这种集思广益法受到重视是不足为奇的。因为当一批富有个性的人走到一起的时候，由于各人的起点不同，掌握的材料不同，观察问题的角度不同，进行研究的方式不同，以及分析问题的水平不同，就必然会产生种种不同的、甚至是对立的看法。于是通过各种方式的比较、对照，甚至诘问、责难，人们就会有意无意地学习到别人思考问题的方法，从而使自己的思维能力得到潜移默化的改进。

20世纪30年代，广州的"星期美点"也是早期烹饪工作者运用"集思广益法"创新的一面旗帜。所谓"星期美点"，就是一星期内出售的各种点心总称，广州原先点心品种单调，老板们为了多做生意，便尽力鼓励点心师多出花样，于是"星期美点"便应运而生。首创星期美点的是陆羽居名点心师郭兴。郭师傅这一创举果然有效，他使陆羽居顿时生意兴隆。不久之后又轰动全市，大小茶楼都大张旗鼓地"推"出自己的"星期美点"。

按要求，每一期的"星期美点"都要包括咸甜点心5~8款，花色品种也不能乱来，必须按当令季节制作。每期点心不但做到咸甜俱备，而且务必中西并陈，还很讲究色和形。点心师们为保住自己的饭碗，彼此之间不但有竞争，各出奇招，也有相互配合，避免各店之间同期点心品种雷同和造型相似。他们当时很自然地每周聚会一次，交换情报，这样做实际上也促进了技术交流。如荔浦芋上市，大家都得供应以荔浦芋作原料的点心，于是他们便从品名和造型方面想办法，这就生出蜂巢芋角、荔浦芋角、鲜虾蓉

皮包酥二种

赏析：明酥制品向来是有制作难度的，在近几年江苏省各级烹饪技能大赛中涌现了不少较有影响和卖点的作品。许多面点师为了争夺优异成绩，大家集思广益，精心设计出不少创新品种。这两幅作品两种形式，一为男士皮包，一为女士皮包，男式皮包以直酥的形式包馅折叠而成，女式皮包经交叉编织更显其难度，两者各有特色，各有巧妙之处。

皮包酥二种
\
邵万宽－摄

饼、荔香鸡粒批、凤凰荔香、擘酥芋盏以及网油酥芋卷诸种名目。广州点心就在这个集思广益的潮流中，飞速地发展了。

"全聚德"创建于清同治三年（1864年），迄今已有150余年历史。全聚德双榆树店传承挂炉烤鸭及独特的全鸭席菜品，且汇集鲁、湘、川、粤等菜系精品，形成了独具特色的风味。为了满足周围多元化消费群体的不同口味需求，他们发动店内厨房骨干人员贯彻荤素搭配、科学配比、营养健康的原则，一起研发中西融合创新菜肴。经过大家的集思广益和共同努力，共筛选了19道创新菜，热菜有铁板飘香双脆、鸭肉生菜卷、秘制烤鸭腿、鸭肝牛肉粒、串炸鸭胸、奶香菠萝焗杂拌、榄菜肉末炒蚕豆、宫廷秘制仔排、金香鸭宝等。一道道以鸭肉为主料的菜肴博得了来往客人的一致称赞。

如果你在菜品创作上碰到什么难题的时候，别忘了试试这种可以使自己实现"突破"的方法。

十八、围绕主题法

近30年来，我国各地的主题文化宴席不断涌现，设计者大多从地域文化、历史发展、原料特色等方面出发。如西安仿唐宴、徐州彭祖宴、淮南豆腐宴、安吉百笋宴、扬州红楼宴等。大凡主题宴菜单，都应有几道特色的创新菜才能给宴席增光添彩，否则很难引起共鸣，产生绝佳的效果。在设计主题宴席菜单时，除了个别的代表性传统特色菜以外，要花大力气把设计中心放在创新的三五道菜品上，更强调文化性，以及原料的搭配、技艺的展示、调味的变化、菜品的造型等。所以，主题宴席菜单的设计是一个综合性的设计与创新。在整套菜单的设计中，菜品的创新主要从以下几个方面去考虑。

1. 围绕宴席主题文化设计创新菜品

主题宴，文化特色很明显。菜单设计一定要从特定的主题出发，紧紧围绕主题的不同特点来展开，必须安排地域特色原料和制作技艺。如运河宴，应始终从运河的大环境出发，去安排运河流域的原料、技法、调味。不同地区的运河也有一定的差异，如山东境内运河与江苏境内运河，在水产原料的选用上、菜品的制作特色上以及调味方面都有不同，各地区在设计时一定要考虑到地域差异性。

如宿迁市旅游局委托设计的"项府迎宾宴"，是以宿迁旅游资源项王故里为基础，突出宿迁本土的原材料，融合当地传统的烹饪技术，结合相关史料、民间传说，经过反复推敲、精心研制的特色宴席菜单。该主题宴旨在弘扬西楚饮食文化精髓，整合宿迁饮食资源，彰显宿迁地方特

江南雅宴

赏析： 这是为主题宴席精心设计的一组"各客冷拼"。它是目前高档宴会接待中的开胃冷菜，为了保证接待的档次，又体现菜品的规格，这是目前我国宴会中较为流行的制作与上菜方式。而冷菜是宴会的序曲，其拼摆的好坏，决定着整桌宴会菜品的水准。该组冷拼，取用浙江景点元素，利用杭州西湖的三潭印月、断桥和六和塔以及嘉兴南湖的红船，拼制手法干净利落，错落有致，色彩搭配和谐，荤素原料有机装点。古有"辋川小样"，今有"江南雅景"，可食、可观，大有"观之者动容，味之者动情"之妙。

江南雅宴
\
嘉兴－李亚－制作

色，发扬项羽进取精神，以进一步提高宿迁的知名度。整桌宴席汲取宿迁美食之精华，融历史、文化、风情、烹饪、养生于一体，突出菜品的浓郁香醇来设计搭配菜肴，给人们带来文化和美味的双重享受。除此之外，在原料的造型、盘饰、菜品口味上都考虑到地域特色和古文化的风格，餐具的运用、服饰的配搭以汉文化为主调，显现出浓重的历史文化风韵。

冷菜：下相四酊（烹毛刀鱼、飘香仔鸡、金桂山药、油爆大虾）；热菜：雄霸天下（霸王一鼎鲜）、钟吾渔歌（三白煎鱼饼）、龙凤天配（汗蒸仔鸽鳝）、白玉藏珍（古法烙豆腐）、临淮鱼汛（骆马湖鱼头）、斗酒彘肩（香料炙猪蹄）、羊方藏鱼（鱼羊合鲜烩）、故里野蔬（什锦田园蔬）；点心：玫瑰酥饼（玫瑰车轮饼）、西楚朝牌（芝麻玉带饼）、泗水汤饼（槐花面须汤）、项里蒸饺（马苋菜蒸饺）；甜品：梧桐甜羹（山楂雪梨羹）；水果：花开满园（什锦水果盘）。

"项府迎宾宴"紧紧围绕"项府"文化设计整套菜单，关键是要设计几道创意特色的亮点菜品。该主题宴的创新菜肴有："雄霸天下"，该菜由牛鞭、膘鸡（本土原料）、甲鱼、开洋、老母鸡、鸽蛋、松茸等炖制而成，以鼎为盛器，体现开宴之气势。鼎既是古代祭祀的礼器，也是王权的象征。食之滑润软糯、醇香四溢、营养丰富、风味独特。"钟吾渔歌"，这是一款思乡菜，与项羽有一段"剪不断，理还乱"的缘分。项羽少年时辞别故乡，随叔父项梁南下吴中。吴中临近太湖，经常会食到"太湖三白"的名馔，即白鱼、白虾、银鱼，因为有了这一层情结，对乡亲故旧之味才情有独钟。"龙凤天配"，取自项羽与虞姬喜结良缘以后，家乡人民无不欢欣鼓舞，项羽是盖世英雄，虞姬是绝代佳人，英雄伴美人，真是"天生一双"的绝配。于是家乡父老乡亲便用"黄鳝煨老母鸡"以示纪念。"斗酒

运河飨宴
\
南京 - 张荣春 - 摄

运河飨宴

赏析： 2014年6月，中国大运河入选为世界文化遗产名录，由此，运河文化研究也成为近年来最受关注的焦点。大运河流经北京、天津、河北、山东、河南、安徽、江苏、浙江八省市，纵贯南北1797千米，大运河美食文化的研究也一直生生不息，经久不衰。江苏大运河美食文化活动的开展以"寻味运河，共享美好"为主题，推出名菜展示、美食展销、非遗展演、互动体验活动，在江苏段流经的徐州、宿迁、淮安、扬州、镇江、常州、无锡、苏州八个城市相继推出众多运河地标名菜、小吃，体现了传统美食文化与现代文明交相辉映。"运河飨宴"是南京旅游职业学院烹饪代表队以江苏地区运河两岸动植物原料为主，设计了冷菜组拼、热菜8道、点心2道、甜菜和果盘，在2019年全国高等职业院校烹饪技能大赛中一举夺冠，博得了评委和参赛院校的一致好评。

菜单中的菜品有：

运河风光	菊花肉丝	炉烤大虾	鸡蓉蚕豆	灌汤鱼圆	金色葫芦	盐焗鸭方
八珍香芋	翡翠时蔬	太极甜羹	松鼠酥点	虾仁荸荠	缤纷果盘

彘肩”，这道菜是正史里唯一记载与项羽有关的菜肴。此菜的设计依据是“鸿门宴”上“项庄舞剑，意在沛公”的描述，以虎将樊哙护驾刘邦并在宴席上食肉的一段叙述而创制。项羽非常欣赏樊哙的英武之气，“赐壮士一只猪蹄髈”。樊哙以盾牌置于地上作盘，将猪蹄髈置于盾牌之上，用手中的宝剑边切边食。项羽见此情景，又对樊哙说：“壮士，你能再饮一杯吗?”整个酒席间，充满英武豪迈之气。鸿门宴是特殊的就餐环境，此菜肴的设计，用古老的炙法将蹄髈烤熟上席，由厨师现场切肉。席间奉上此菜时，附酒一杯，主人举杯，宾主共饮。此种食俗反映了宿迁地区的民风淳朴，充满率真与豪放之情，也可让酒席再度掀起高潮。

2. 围绕地域特色原料设计创新菜品

不同地域形成了不同的饮食文化特色，主题宴席菜单要紧扣主题地域的特色加以展开。如南京“全鸭宴”，主要是围绕鸭子的不同部位制作不同特色的菜品。可以是全鸭整形，更主要的是鸭子的不同部位制作不同风格的菜肴，鸭头、鸭颈、鸭血、鸭肠、鸭翅、鸭掌、鸭心、鸭肝等综合利用。烹调方法也体现其多样化，如琵琶鸭、葵花鸭、黄焖鸭、松子鸭颈、金鱼鸭掌、冠顶鸭饺等，更有新创的金银全鸭、鸡火鸭煸、藤椒鸭包、百花鸭盅、千层鸭酥等不同造型菜品招徕广大顾客。

美丽清纯的洪泽湖生长、繁殖的大闸蟹，因其背部“H”形字样的特色商标滋润着一代代的洪泽人。洪泽湖，我国第四大淡水湖，湖内水生资源丰富，有鱼类近百种，水生植物如莲藕、芡实、菱角在历史上素享盛名，曾有“鸡头、菱角半年粮”的说法，洪泽湖的螃蟹更是远近驰名，由于水流清澈，水草肥美，特别适宜螃蟹生长，“H”形大闸蟹，被良好的生态环境滋养，以其蟹肉丰满，味质鲜嫩，黄多油丰而享誉国内。根据"H"形大闸蟹设计的"金牌蟹宴"确有一种独特的风格。

菜单如下：涧水湖鲜汇（以大闸蟹为主盘的四味冷碟，涧水，为洪泽县高良涧镇）、蟹酥五粮液（以鸡头米、菱角米等五种杂粮与蟹肉、虾仁一起烹制）、龟山映鱼球（龟山湖区盛产白鱼，以其肉酿入蟹膏，配置菜蔬之汁，三味相间）、闸蟹一品鲜（以"H"形大闸蟹，佐配4荤4素8种不同的当地原料，莲藕、芋艿、茭白、冬瓜、鳝鱼、野生甲鱼、河蚌、小杂鱼，品野间珍，味中有味）、蟹菊狮子头（以大闸蟹的蟹膏装点着本地特色的狮子头，嫩如脂玉，香如脂菊，味如脂蜜）、蟹粉烩鱼肚（取之鳙鱼头最佳部位，用多味鲜美之料一气呵成，鲜、嫩、韧、浓、醇、爽、烫七大特色）、养生石榴包（取用山药、葛米、莲子、胡萝卜、蟹钳肉、湖虾仁一同调理作馅，外用菜包制成石榴形）、H蟹闯天下（"洪泽湖大闸蟹，身背H闯世界"这句央视广告语已深深印入人们的脑海。"壳薄胭脂染，膏腴琥珀凝。"，把酒玩味之时有"蟹八件"让您细细品味吮吸着鲜美和营养）、金钱焗玉脂（利用当地常食之玉脂，纳蟹黄之味，用金钱造型，象征着渔家儿女以湖鲜带来的富贵之乐）、五味蟹锅熘（利用渔民的"小鱼锅贴"进行改良，取用高粱、玉米、面粉、南瓜、芝麻、蟹粉、小活鱼分别制成五种不同的"锅熘"，五色相间，营养爽脆）、蟹味像生菱（以当地田边双味薯仔：紫薯、土豆为主料，加工制作成乡野的菱角形）、醉蟹炖野鸭（醉蟹与湖中野鸭相佐治，两者清炖相融，野味香，湖味鲜，汤更清，味更浓）。

3. 围绕不同历史时期设计开发菜肴

以历史时期为主题，首先把框架定格在某一时期。第一步必须寻找某个时期的资料，浏览这个时期的历史文献及其食谱，勾画出与宴席主题相关的内容。然后根据当时当地的特点及原料情况进行设计。凡是与这个时期不吻合的东西一概不取，以免闹出笑话。如南京民国宴，始终围绕民国时期南京的人物、原料供给、菜品特色，千万不能超出这个主题范围，否则就有点胡编乱造，适得其反。

南京民国大菜包括：金陵叉烤鸭、炖生敲、锅贴干贝、一品全家福、瓢儿鸽蛋、少帅小坛肉、叉烤鳜鱼、香炸云雾、酒凝金腿、翡翠虾饼、鱼酥海参、裹烧蚕豆、贵妃鸡翅、清炖鸡孚、炖菜核等。设计者应围绕民国的菜品进行编排、制作和创新，寻找一些与民国有关的名人、典故进行统筹，如偏爱素食的孙中山、少食多得的蒋介石、吃喝在所不辞的谭延闿、美容养生的宋美龄、食疗加保健的孔祥熙、平民化食客于右任、味兼南北的张学良等，在原料的利用、技法的变化、口味的起伏、色彩的搭配、餐具的运用、成品的装盘等方面全方位编排，给人一种既有传统、又有创新的融合理念，统筹兼顾各方面的需求，必将会产生令人耳目一新的效果。

诸如西安的仿唐菜、杭州的仿宋菜、北京的仿膳菜都应以某个历史时期进行研究和仿制，适当在调味、造型等方面做一些开拓、变化，但不能过于夸张。扬州"红楼宴"是以文学名著《红楼梦》中的菜式、宴席特色精心设计的主题宴。《红楼梦》诞生于18世纪中叶，其菜式以南方江苏菜品为主，兼具满族文化和北方文化，书中宴席场面和菜肴点心丰富多样，筵宴多撷取书中描述的菜品，立足于红楼文化整体的一部分进行再创造，对餐厅、音乐、餐具、服饰、菜点、茶饮等项进行综合设计，以其美味、丰盛、精致见长，给人以高层次饮食文化艺术的享受。

第三篇　设计寻思路：现代美食开发创新法则

培根明虾（南京章戈）　　　　酥肉水果色拉（邵万宽摄）

荞麦饼（邵万宽摄）　　　　　五谷杂粮粥（南京田翔）

金陵菊叶饼（南京张云）　　　豆肝泥糕（南京陶宗虎）

荷香牛肋骨（泰州彭军）　　　养生苦荞辽参（南京孙谨林）

金瓜蟹珍珠（南京孙学武）　　荠菜鸡蓉球（无锡周国良）

海皇芝麻豆腐（南京洪顺安）　鸡尾虾皇蛋（连云港陈权）

蚕豆鱼圆（邵万宽摄）　　　　皮包酥二种（邵万宽摄）

江南雅宴（嘉兴李亚）　　　　运河飨宴（南京张荣春摄）

后　记

　　近两年来，我一直在思考菜品的设计问题，并将自己的想法写成文字，变成讲稿，在全国各地同行的演讲与交流中发表我个人的观点，积少成多，变成了今天这样一本手册。

　　20多年来，我不间断地研究菜点创新，写了几本菜点创新的书，在报刊上开设了几个专栏，但越来越发现，菜点仅仅谈创新是不够的，菜点创新的真正功夫在"设计"，这是最关键的问题。设计好了，创新才有价值，否则是没有意义的。我们看到全国各地各层次烹饪菜品创新的大赛中，有不少作品，是一点利用价值都没有的，华而不实、哗众取宠、重形象轻口味的菜肴偏多，因此，有必要和广大烹饪工作者谈谈设计创新的感想，特别是年轻的烹饪工作者。在过去的年代，许多厨师因为胡乱、刻意的创新，尽管花费了不少精力，还是招致许多人的非议，特别是各类烹饪大赛上那些"花架子"的菜品让人唾弃。不仅如此，还浪费了不少原材料，我们感到很痛心，很无奈，也很悲哀；不少经营的饭店、餐厅也常常推出创新菜，但许多客人不认可、不买账，使得一些售卖的创新菜也无人问津。这就迫使我下决心一定要写一本菜品设计与创新的书。

　　应该说，本书稿是我近几年来在全国各地餐饮经理培训班和厨师长培训班中讲授《菜点设计与创新》课程的成果，一次次讲座得到了各地同行的好评，看到餐饮市场的需求和同行们学习的迫切性，经过不断的努力，我便将其整理出来，配置彩色图片，让广大同行图文并茂地领会其要义，真正为企业和社会做一点实实在在的事。

　　虽说本人撰写菜品创新的书籍已有6本，但谈论菜品设计还是第一次，应该说，本书也是国内餐饮业研究菜品设计的第一本书，愿本书的出版，能带给同行们一点有用的精神食粮，为菜品设计与开发创新提供良好的素材。

在书稿的撰写与整理过程中，各地的大厨提供了不少好的图片，出版前夕，几位朋友又提供了相关的图片，特别要感谢的是连云港的陈权大师、嘉兴的李亚大师、南京的孙谨林大师、无锡的施道春大师、周国良大师以及我校张荣春副教授等，又提供了菜品设计的照片，所提供照片的相关大师在后面"相关菜品索引"中也已一一列出。书中照片没有标出制作者的，是我近几年在各种大赛中所拍的照片。在此，对各位提供菜品图片的设计大师们以及相关制作者们表示由衷的感谢！

我在南京旅游职业学院从教35年，是这里的土壤滋养我成长、成才，使我的研究成果不断得到学界和餐饮行业的认可和重视。本书的研究是江苏高校哲学社会科学重点研究基地——江苏旅游文化研究院的课题"江苏美食文化开发与设计研究"的成果，感谢学校领导对本课题的重视以及江苏旅游文化研究院对本书给予的出版支持。

我不是创造力研究的专家，至多只能是菜品设计创新的默默耕耘者。书中定有许多不足或错漏之处，恳请各位同行和餐饮业专家多提宝贵意见，以使本书能够不断完善和丰富，为年轻的烹饪工作者和爱好者提供更多的服务和帮助！

邵万宽

2019年12月6日于南京